U0320233

美的旅程

吕洪波　于红坤　马先杰　阎玉芳　编著

图说中国建筑艺术

中国书籍出版社
China Book Press

图书在版编目（CIP）数据

图说中国建筑艺术 / 吕洪波等编著. —北京：中国书籍出版社，2018.1

ISBN 978-7-5068-6633-0

Ⅰ.①图…Ⅱ.①吕…Ⅲ.①建筑艺术—中国—普及读物Ⅳ.①TU-862

中国版本图书馆 CIP 数据核字 (2018) 第 010627 号

图说中国建筑艺术

吕洪波　于红坤　马先杰　阎玉芳 编著

图书策划	牛　超　崔付建
责任编辑	牛　超
责任印制	孙马飞　马　芝
出版发行	中国书籍出版社
地　　址	北京市丰台区三路居路 97 号（邮编：100073）
电　　话	（010）52257143（总编室）　（010）52257140（发行部）
电子邮箱	eo@chinabp.com.cn
经　　销	全国新华书店
印　　刷	三河市冀华印务有限公司
开　　本	710 毫米 × 1000 毫米　1/16
字　　数	280 千字
印　　张	18
版　　次	2018 年 7 月第 1 版　2018 年 7 月第 1 次印刷
书　　号	ISBN 978-7-5068-6633-0
定　　价	78.00 元

版权所有 翻印必究

前　言

　　建筑是人类为满足自身物质和精神需求而创造的比较固定的活动空间或构筑物，包括从古代的都市城镇、宫殿民宅、苑囿园林、寺庙宫观、衙署馆舍、陵寝墓室、桥梁道路等到现代的各类建筑物。

　　中国是世界四大文明古国之一，有着悠久的历史，劳动人民用自己的血汗和智慧创造了辉煌的建筑文明。中国建筑是世界上历史最悠久，体系最完整的建筑体系，从单体建筑到院落组合、城市规划、园林布置等在世界建筑史中都处于领先地位。中国建筑追求以单体建筑组合成的复杂院落，以深宅大院、琼楼玉宇的大组群，创造宏大的建筑空间气势，独一无二地体现了"天人合一"的建筑思想。正如著名建筑家梁思成先生所巧妙比喻的：中国建筑是一幅中国卷轴，需要随时间的推移慢慢展开，才能逐步看清全貌。

　　掀开历史的面纱，我们可以把中国建筑分为五个发展阶段。

　　一、创始阶段。这一阶段包括原始社会新石器时代中、晚期和整个奴隶社会的夏、商、周。"上古穴居而野处，后世圣人易之以宫室，上栋下宇，以避风雨。"人类从穴居到发明三尺高的茅屋再到建筑高大的宫室，从原始本能的遮风避雨到表现高大雄伟的壮美之感，建筑的进步随着人类生产力的不断提高和经济的发展而不断进步。

　　在原始社会早期，原始人群曾利用天然崖洞作为居住处所，或构木为巢。以定居为基础的新石器时代，是我国建筑艺术的萌生时期。由于自然条件的不同，在北方，我们的祖先在利用黄土层为壁体的土穴上，用木架和草泥建造简单的穴居或浅穴居，以后逐步发展到地面上；在南方，则出现了干栏式木构建筑。

进入阶级社会以后，在商代，已经有了较成熟的夯土技术，建造了规模相当大的宫室和陵墓。商代末年，商纣王大兴土木："南距朝歌，北距邯郸及沙丘，皆为离宫别馆。"这一历史记载也已为河南偃师二里头发现的商代早期宫殿遗址考古发掘所证实。

西周及春秋时期，统治阶级营造了很多以宫市为中心的城市。原来简单的木构架，经商周以来的不断改进，已成为中国建筑的主要结构方式。瓦的出现与使用，解决了屋顶防水问题，是中国古建筑的一个重要进步。周朝的建筑较之殷商更为发达，尤其技术进步很大，开始了用瓦盖屋顶。此时建筑以版筑法为主，其屋顶如翼，木柱架构，庭院平整，已具一定法则。

二、成型阶段。这一阶段处于封建社会初期，从春秋直到南北朝。其中春秋、战国是这一阶段的序曲；秦、汉是正题，出现中国古代建筑发展的第一个高峰；三国、两晋是第一高峰的余脉；南北朝是下一阶段，即成熟阶段的序曲。在这一历史阶段，中国古代建筑体系已经定型。在构造上，穿斗架、叠梁式构架、高台建筑、重楼建筑和干栏式建筑等相继确立了自身体系，并成为日后2000多年中国古代木构建筑的主体构造形式。在类型上，城市的格局、宫殿建筑和礼制建筑的形制、佛塔、石窟寺、住宅、门阙、望楼等都已齐备。

春秋战国时期，各诸侯国皆大兴土木，"高台榭，美宫室"。今天，我们仍可在燕赵古都30多所高大的台址上窥见当时宫殿建筑之一斑。

秦始皇统一六国后，开始了中国建筑史上首次规模宏大的工程，这便是上林苑、阿房宫。秦始皇还扩建咸阳宫殿，集中仿建六国宫室，使战国时各国建筑艺术和技术得以交流，为形成统一的中国建筑风格开创先声。此外，又派蒙恬率领30万人"筑长城，固地形，用制险塞"。从中我们可以看到秦代作为一个统一的大帝国在中国建筑历史上所表现出来的气派，中国建筑开始了宏伟壮美的追求之旅。

汉代时建筑规模更大，汉武帝时更是大兴宫殿、广辟苑囿，著名的建筑工程有长乐宫、未央宫等。汉宫殿突出雄伟、威严的气势，后苑和附属建筑却又表现出雅致、玲珑的柔和之美。

由于魏晋南北朝时期佛教盛行，寺庙建筑大盛，而且依山开凿石窟，造佛像刻佛经，今天我们仍可见的云冈、龙门石窟都是中国及世界建筑史上的奇观。

三、成熟阶段。包括隋、唐和五代、宋、辽、金各朝，融化和吸收外来文化因素，逐渐形成完整的建筑体系，达到中国古代建筑的顶峰时代，创造出空前未有的绚丽多姿的建筑风貌，也是中国古代各民族间建筑第二次大融合的年代。这一历史时期的建筑成就表现在：建筑类型更为完善，规模极其恢宏；在建筑设计和施工中广泛使用图样和模型；建筑师从知识分子和工匠中分化出来成为一种专门职业；建筑技术有新发展并趋于成熟——如组合梁柱的运用，模数制的确立，铺作层的形成。

隋唐建筑气势雄伟、粗犷简洁、色彩朴实。其主要成就在皇宫建筑方面。隋唐兴建的长安城是中国古代最宏大的城市，唐代增建的大明宫，特别是其中的含元殿，气势恢宏、高大雄壮，充分体现了大唐盛世的时代精神。此外，隋唐时期还兴建了一系列宗教建筑，以佛塔为主，如玄奘塔、香积寺塔、大雁塔等。

两宋时期建筑的风格趋于精巧华丽，纤缛繁复、色彩绚丽如织绣。北宋将汴京外城东北部扩展了一些，并仿洛阳宫殿的制度修了大内宫殿。南宋偏安江南，在临安则多建游幸苑囿。

四、程式化阶段。这一阶段指元、明、清（1840年前）。此时，整体而言步入衰微，较之于唐宋时代的建筑缺少创造力，趋向程式化和装饰化，但在建筑群体组合、空间氛围的创造上，却取得了显著的成就。

中国历代都建有大量宫殿，但只有明清的宫殿——北京故宫、沈阳故宫得以保存至今，成为中华文化的无价之宝。明清北京城、明南京城是明清城市最杰出的代表。北京的四合院和江浙一带的民居则是中国民居最成功的典范。坛庙和帝王陵墓都是古代重要的建筑，目前北京依然较完整地保留有明清两代祭祀天地、社稷和帝王祖先的国家最高级别坛庙。其中最杰出的代表是北京天坛，至今仍以其沟通天地的神妙艺术打动人心。明代帝陵在继承前代形制的基础上自成一格，清代基本上继承了明代制度。明十三陵是明清帝陵中艺术成就最为突出者。明清建筑的最大成就是在园林领域。明代的江南私家园林和清代的北方皇家园林都是最具艺术性的古代建筑群。

明清建筑不仅在创造群体空间的艺术性上取得了突出成就，而且在建筑技术上也取得了进步。明清建筑突出了梁、柱、檩的直接结合，减少了斗拱这个中间层次的作用。这不仅简化了结构，还节省了大量木材，从而达到了以更少的材料取得更大建筑空间的效果。明清建筑还大量使用砖石，促进了砖石结构的发展。其间，中国普遍出现的无梁殿就是这种进步的具体体现。

五、解体阶段。从清代1840年至1911年，此时中国社会已经完全沦为半殖民地、半封建性质，大量外国文化、建筑、技术涌入，被动地揭开了中国历史上第三次对外来文化的吸收时期，同时，也揭开了中国近代建筑史沉重的帷幕。这股外来势力动摇了中国传统的价值观，也动摇了中国传统建筑体系的根基，固有的体系开始解体。

作者
2018年1月

目　录

C O N T E N T S

五、宋辽夏金元建筑 / 119

Contents

Contents

七、近现代建筑 / 259

一、原始社会至先秦建筑

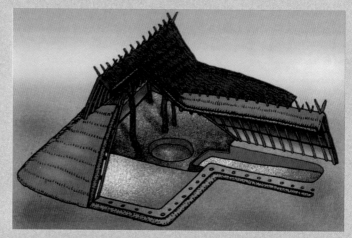

半地穴建筑的斜坡道多由人字形屋顶覆盖，居住面周围的壁面，以"木骨泥墙"的方式构成内向倾斜的壁体。建筑中心为火塘，火塘不仅用于点火、取暖、烤食物，还有原始宗教的含义。

早在五十万年前的旧石器时代，我们的祖先就已经知道利用天然的洞穴作为栖身之所，北京、辽宁、贵州、广东、湖北、浙江等地均发现有原始人居住过的崖洞。

新石器时代，是中国建筑的草创阶段。河南新郑县裴李岗文化（公元前5600—前4900年）和河北武安县磁山文化（公元前5400—前5100年）的半地穴建筑，是我国迄今为止发现的年代最久的新石器时期建筑遗址。新石器时期的建筑形成、发展于黄河流域和长江流域，先是人工挖掘、搭建的地穴、巢居，后逐步演变为半地穴、地面建筑和干栏式建筑，建筑空间则由单室发展

这是在河南偃师县汤泉沟村发现的一组仰韶文化时期的建筑遗址，其口径为1.5米，底径2米，深2米。

为多室。与此同时，极具中华文明特色的木骨泥墙、夯墙、木构架、榫卯等技术也陆续出现了。木构架的形制已经出现，房屋平面形式也因造作与功用不同而有圆形、方形、吕字形等。

黄河中游的氏族部落，利用黄土层为墙壁，用木构架、草泥建造半穴居住所，逐渐发展为地面上的建筑，并形成

这幅图是对大房子外部形象和内部结构的想象复原。图中大房子的平面呈方形，宽12.5米，长14米，属半地穴类型的建筑。这一半地穴建筑代表了半坡文化中最高的建筑技术。

聚落，这些聚落的居住区、墓葬区、制陶场，分区明确，布局有致。每个聚落都有中心广场，周围又有分组的建筑，每组建筑都包括一座供氏族成员聚会的大房子，和环绕着它的若干小房子，这是当时对偶家庭的住宅。聚落外围挖有供防御和排水用的壕沟。如西安半坡遗址、临潼姜寨遗址。

长江流域因潮湿多雨，常有水患兽害，因而发展为干栏式建筑。对此，古代文献中也多有"构木为巢，以避群害"、"上者为巢，下者营窟"的记载。据考古发掘，约在距今六七千年前的浙江余姚河姆渡遗址，其中一座建筑长20余米，基础用四列平行桩柱，进深约7米，居住面地板高出地表约1米，干栏广泛采用榫卯结合。

知识链接

什么是榫卯

榫卯，即靠构件相互间的阴阳咬合来连接构件的方法。不同类型的榫卯被用于受力不同的构件上。我国古代一些技术高超的工匠可以不用外加铁钉等辅助连接方式，完全靠榫卯就能连接众多木构件，盖起体量巨大的建筑。榫卯技术充分体现了我国先民卓越的创造力，它不但是日后成熟的中国古代木构建筑体系的技术关键，也是这一体系区别于世界其他古代建筑体系的重要特点所在。

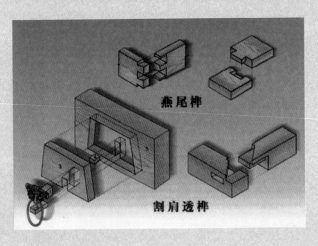

燕尾榫

割肩透榫

榫卯是靠构件相互间的阴阳咬合来连接构件的方法。河姆渡遗址中发现的榫卯有燕尾榫和企口等多种形式。我国古代技艺高超的工匠，可以不加铁钉，完全靠榫卯连接部结构，盖起巨大的建筑。榫卯技术是中国古代木构建筑体系的技术关键。

这座干栏式建筑面积达160平方米，是当时河姆渡氏族的大房子。

公元前21世纪夏朝建立，开始修筑城市和宫殿，其"廊院式"建筑空间模式开启了中国建筑体系院落空间布局之先河。经过夏、商、周三代和春秋、战国，木构架和夯土技术均已经形成，并取得了一定的进步。木构技术较之原始社会已有很大提高，已有斧、刀、锯、凿、钻、铲等加工木构件的专用工具。在中国的大地上先后营建了许多都邑，夯土技术广泛使用于筑墙造台。如河南偃师二里头早商都城遗址，有长、宽均为百米的夯土台，台上建有八开间的殿堂，周围以廊。

殷商王朝的建立促进了经济和文化的发展，也进一步融合了中国南北方的建筑技术和艺术。此时，已经出现了皇家园林。因为从迄今发现的最早的文字——殷商甲骨文中，我们发现了有关皇家园林"囿"的论述。据周朝史料《周礼》解释，当时皇家园林是以囿的形式出现的，即在一定的自然环境范围内，放养动物、种植林木、挖池筑台，以供皇家打猎、游乐、通神明和生产之用。当时著名的皇家园林为周文王的灵囿。

知识链接

夯筑技术为何物

"夯"是靠人利用工具将土一层层砸实的建筑方法。"夯筑"是中国古代建造房屋基础、墙、城和台基时的主要技术。

商代宫殿建筑是在夏代建筑技术的基础上发展起来的，有"殷人重屋"的记载。其宫殿建筑建在低矮的夯土台上，东西宽，南北窄，平面呈长方形。墙身为木骨泥墙，并分为几个房间，屋顶为四坡顶，上面覆盖茅草。

公元前 1046—前 771 年，西周统治者制定了比较成熟的建筑等级制度。例如对各级城市的面积、城阙高度、道路宽窄……均有明确规定。在使用色彩上亦有区别，如柱子的颜色，规定："天子丹，诸侯黝，大夫苍。"周代衡量建筑尺度的标准也逐渐规格化。如对道路的宽窄以"轨"度之，城墙高宽以"仞"、"雉"、"寻"度之，一般建筑用"丈"、"尺"、"寸"度之，室内面积则称之以"筵"，筵即席也。此时，建筑布局更趋严谨，建筑类型更加多样。如在陕西岐山凤雏村发现的西周早期官殿遗址，全部房屋建在夯土台基上，建筑组群以门道、前堂、过廊和后室为中轴线，东西两侧配置门房、厢房，左右对称，布局严谨，墙体皆夯土版筑而成，墙面和室内地面皆抹三合土，坚硬光滑，房顶盖茅草，屋脊及天沟处使用少量的瓦。

这座西周初期诸侯的官殿或庙宇，是一组按轴线对称关系组织的两进四合院式建筑，南北长 45.2 米，东西宽 32.5 米，其中轴线上依次排列有照壁、大门、前堂和后室。这种前堂后室的布局可能就是"前朝后寝"式的官殿格局。

商周时期初步形成了中国建筑的某些重要的艺术特征，如方整规则的庭院，纵轴对称的布局，木梁架的结构体系，由屋顶、屋身、基座组成的单体造型，屋顶在立面占的比重很大。陶制地砖、屋瓦、水管和井圈、铰叶等的使用，是建筑技术上一个重大进步，不但发掘了新的建筑材料，改进了建筑构造，延长了使用时间，还改善和美化了人们的生活。在陵墓中使用白胶泥和积沙的方式以防水、防盗，

这是陕西扶风发现的西周中期官殿遗址。西周建筑大量使用瓦，板瓦、筒瓦、半瓦都已经出现。这种下方上圆的建筑造型是中国古代"天圆地方"思想的反映。

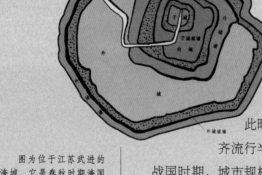

也是相当成功的措施。另外，建筑构件的外形也常予以装饰，如燕下都出土了"山"字形栏杆砖、虎头形出水管等。在装饰构图方面，同心圆、卷叶、饕餮、龙凤、云山、重环等纹样，常见于瓦当及空心砖上。

到了春秋战国时期，经济、文化空前繁荣，各国诸侯纷纷打破周代礼制的羁绊，各自营造了以宫室为中心的都城。如燕下都、齐临淄、赵邯郸，都是人文荟萃的都会城市。如《周礼》中规定都城建设应该是居于开阔的广川之上，有整齐规则的布局，"方九里，城三门"，城内为"九经九纬，经涂九轨，面朝后市，左祖右社，市朝一夫"的格局形式，为后世的都城建设，奠定了基础。齐国人管仲则提出了因山就势、因地制宜的规划思想。吴、越的都城，有陆门、水门之设，有天门、地户的象征。而位于中原一带的都城，则强调规则方正的格局。这些都城均为夯土版筑，墙外周以城壕，辟有高大的城门。在城内建有宫殿，而且木构架成为主要的结构方式，并饰用彩绘，屋顶开始使用陶瓦，瓦的出现与使用，解决了屋顶防水问题，是中国古建筑的一个重要进步。

此时，瓦当成为重要的建筑装饰，燕、齐流行半瓦当，秦、赵则流行动物纹瓦当。

战国时期，城市规模比以前扩大，高台建筑更为发达，即在一个高大的土石台上，建造琼楼玉宇。如楚国的章华台，"三休而至于上"，说明其高度已经相当可观。以高大的台基承托上部建筑的土木结构特点，也成为后世中国建筑的基本特征。

瓦出现在西周，是用于覆盖屋顶的建筑构件，瓦分为板瓦和筒瓦。筒瓦常装饰纹饰图案，称为瓦当。图中是战国时期的纹筒瓦和饕餮纹半瓦当。

图为位于江苏武进的淹城，它是春秋时期淹国的国都。它最大的特点是有三重城墙，城墙外环有护城河。

陵墓最早起源于夏。夏商开始，历代的帝王陵墓都按照家族血缘关系，实行"子随父葬，祖辈衍继"的埋葬制度，集中在一个地区。在陵墓和附属建筑的周围通常还划出一定的地带作为保护、控制的范围，称为陵区。陵区占地非常惊人，通常少则十数里，多则百余里，陵区的各种建筑都有周密的规划布局。

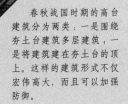

春秋战国时期的高台建筑分为两类：一是围绕夯土台建筑多层建筑，一是将建筑建在夯土台的顶上。这样的建筑形式不仅宏伟高大，而且可以加强防御。

在东周时期出现了陵园。初期的陵园，大多在陵墓的四周挖掘隍壕或夯筑围墙，也有利用天然沟崖作屏障。陵园一侧有门，园内除陵墓外，没有其他附属建筑。

自战国中期起，赵、秦、楚、燕、齐、韩等国的君主死后都营建高大的坟丘，并尊称为"陵"，既指其高大如山林，也象征着王权的尊严和地位的崇高。坟丘都经过夯筑非常坚固，形状大体分为圆锥形和覆斗形两种。在墓内填充沙、石、木炭以利防湿，保护墓室。

西周时期，夫妻合葬已经存在。陕西宝鸡西周中期的鱼伯墓和河南浚县西周晚期的卫侯墓，都发现了夫妻"异穴合葬"的现象，即夫妻分别葬在两个相互紧靠的墓穴中。春秋战国时代，这种异穴合葬制度更趋普遍。

位于河南安阳的妇好墓是目前发现的保存最完整的商代王室墓，墓中出土近2000件精美的随葬品。妇好墓地表还保留有建筑遗址。图为妇好墓地面享堂的复原图。

从穴居、巢居到地面建筑、干栏式建筑、再到规模宏大的高台建筑；从原始氏族聚落的住宅群到建筑密集的都市，先秦时期中国建筑的技术和艺术逐步沉淀、凝集，最后终于形成一个庞大的体系，牢牢

地在中华大地扎下了根基。

半坡氏族聚落

《吕氏春秋·恃君览》曾这样描述原始母系社会的初期情况："昔太古尝无君矣，其民聚生群处，知母不知父。"

由于原始农业的兴起，原始先民们按照氏族血缘关系，以氏族为单位，集合若干近亲氏族组成一个部落组织聚居，形成一个"聚"。换言之，当时部落是由一个始祖母所生的若干代近亲所构成的一个紧密团结的血缘集团。黄河流城西安半坡聚落，是其中的典型代表。

半坡母系氏族部落聚落遗址位于西安城东6公里，呈南北略长、东西较窄的不规则圆形。整个聚落由三个不同的分区所组成，即居住区、氏族公墓区及陶窑区。居住用房集中分布在聚落的中心，构成整个布局的重心。居住区内的建筑有平面圆形和方形两种。就建筑风格及构造方式而言，又可分为半穴居式和地面木架建筑式。其中的"大房子"是氏族部落的公共建筑，氏族部落首领及一些老幼都住在这儿，部落会议、宗教活动等也在

这是一幅半坡地面建筑复原图。原始社会的地面建筑由墙体、屋顶两部分组成。墙体为木骨泥墙结构。

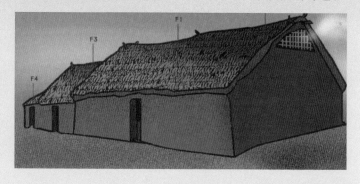

这是一组在河南郑州大河村发现的地面建筑的复原图。这组建筑属仰韶文化晚期，整组建筑在外观上是由三座尺度逐步递减的建筑联立而成。

此举行。围绕居住区有一条深、宽各为5-6米的壕沟，作为聚落的防护设施。沟外为氏族公墓区及陶窑区。

由此，我们可以看出半坡氏族聚落无论其总体，还是分区，其布局都是有一定章法的，这种章法正是原始社会人们按照当时社会生产与社会意识的要求经营聚落生活的规划概念的反映，其建筑形式也体现着原始人由穴居生活走向地面生活的发展过程。

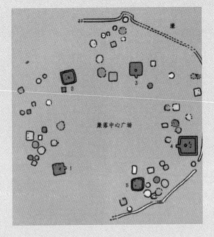

这是羌寨遗址中一处半坡类型村落居住区的示意图，居住区呈椭圆形，面积2万平方米。其东、南、北三面围以壕沟，西南面临河，中心为广场。图中1、2、3、4、5均为大房子。

夏代的宫室

发现于河南洛阳偃师二里头的夏代早期宫室遗址，系由数组周以回廊的庭院组成。其主要殿堂置于广庭中部，下承夯土台基。台基平整，高出当时地面约0.8米，边缘呈缓坡状，斜面上有坚硬的石灰石或路土面。台基中部偏北建有殿堂，东西长30.4米，南北深11.4米，以卵石加固基址。建筑结构为木柱梁式，南北两面各有柱洞九个，东西两面各有柱洞四个，但柱网尚不甚整齐。壁体为木骨抹泥墙，屋面则覆以树枝茅草。验证

这座被称作"一号宫殿"的夏代建筑群，位于河南偃师二里头，是我国目前发现最早的宫殿建筑。它东西长108米，南北宽100米，建在高0.8米的土台上。如图上所展示的，夏代宫殿建筑已经具备了中国传统建筑的基本空间要素，门、窗、墙、廊、庭、院和主体建筑组成一个完整的院落。

了文史资料中夏代建筑采用"茅茨土阶"的记载。

值得注意的是，主体建筑面阔为等跨的八开间，回廊已出现复廊形式。前者表明偶数开间的使用包含着某种宗法礼制的内容，而后者表明这种复合形式的渊源将流传得更为久远。

 西周的囿

中国的园林建筑历史悠久，在世界园林史上享有盛名，被欧洲人誉为"世界园林之母"。三千多年前的殷周的囿可以说是中国园林的鼻祖。

《诗经·大雅》灵台篇记有灵囿的经营，以及对囿的描述："王在灵囿，麀鹿攸伏。麀鹿濯濯，白鸟翯翯。王在灵沼，於牣鱼跃。"灵囿除了筑台掘沼为人工设施外，全为自然景物。秦汉以来，绝少单独建囿，大都在规模较大的宫苑中辟有供狩猎游乐的部分，或在宫苑中建有驯养兽类以供赏玩的建筑和场地，称兽圈或囿。

战国中山国王陵

建于战国中期（公元前300年左右）的中山王陵，位于河北平山，是战国陵墓的代表。它虽是一座未完成的陵墓，但从墓中出土的一方金银错《兆域图》铜版，仍可知此陵的陵园规划意图。这也反映出在建筑设计中，特别是皇家建筑，已有了事先踏勘地形和规划布置。

根据《兆域图》复原和遗址，王陵当初形制是外绕两圈横长方形墙垣，内部为横长方形封土台，台的南部中央稍有凸出，台东西长达310余米，高约5米，台上并列五座方形享堂，分别祭祀王、两位王后和两位夫人。中间三

知识链接

囿是什么

囿，是中国古代供帝王贵族进行狩猎、游乐的一种园林形式。通常在选定地域后划出范围，或筑界垣。狩猎既是游乐活动，也是一种军事训练方式。囿中草木鸟兽自然滋生繁育。囿中有自然景象、天然植被和鸟兽的活动，可以赏心悦目，得到美的享受。

中山国是春秋战国时期的小国。发现于河北平山县的中山国国王和王后的陵墓建于公元前4世纪末，平面呈长方形。此图为中山国兆域复原想象图。

座即王和两位王后的享堂，平面各为52×52米；左右两座夫人享堂稍小，为41×41米，位置也稍后退。五座享堂都是三层夯土台心的高台建筑，最中一座下面又多一层高1米多的台基，从地面算起，总高可有20米以上。封土后侧有四座小院。整组建筑规模宏伟，均齐对称，以中轴线上最高的王堂为构图中心，后堂及夫人堂依次降低，使得中心突出，主次更加分明。

中山王陵虽有围墙，但墙内的高台建筑耸出于上，四向凌空。封土台提高了整群建筑的高度，使我们从很远就能看到，有很强的纪念性，是一件建筑与环境艺术完美结合的优秀设计。

这张图为中山国享堂复原想象图。

二、秦汉建筑

从公元前221年秦统一中国到公元220年东汉的覆灭，这五百年间，由于国家统一，国力富强，中国古代建筑出现了第一次发展高潮，奠定了中国建筑的理性主义基础，这一时期的建筑伦理内容明确，布局铺陈舒展，构图整齐规则，表现出质朴、刚健、清晰、浓重的艺术风格，代表这种风格的主要是都城、宫室、陵墓和礼制建筑。

秦汉时期建造了大规模的都城与大尺度、大体量的宫殿。如秦咸阳城，以渭水贯都，象征河汉，以宫殿象征紫宫，以城市内其他建筑象征星罗棋布的星空。咸阳城中心还建立了祭祀性的极庙。咸阳阿房宫前殿的台座，规模可以容纳万人，其前有一条宽阔的大道，直抵其前的终南山，并将远山之巅，作为这座大殿的门阙，气势非常宏伟。

汉代建筑在秦代的基础上继续发展，其宫殿如长安城内的桂宫、光明宫、未央宫和西南郊的建章宫等，均豪华壮丽、门阙巍峨，前无古人。汉长安城，据后人推测，其平面上南像南斗，北像北斗，城市的轮廓呈不规则形，城内大部分都被帝王的宫殿建筑所覆盖。西汉末年还在长安南郊建造了明堂、辟雍。东汉光武帝刘秀依东周都城故址营建了洛阳城及其宫殿。宫殿前设置标志性的高大门阙，将宽阔的驰道与城市、宫殿联系在一起。宫殿内仍然有高台建筑。宫殿的布局形式，还不像后世宫殿那样的层层门殿，有些宫殿呈四出门的格局，很像这一时期文献中提到的明堂建筑的布局形式。

秦汉时代的陵墓规模巨大。相传秦始皇陵内，描绘了天空星象，并用水银象征河川大海。陵周围的兵马俑军阵，

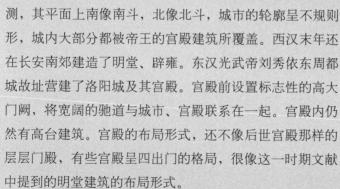

汉平帝明堂位于汉长安城南郊外，建于汉平帝元始四年。整个建筑平面外圆内方，正中主体建筑建于直径62米的圆形夯土台上。其平面为亚字形，正中为方形夯土台，边长17米，上为建筑主室，汉代称"太室"。

"黄肠题凑"是西汉帝、王级别墓室的建筑方式。"黄肠"指柏木,"黄肠题凑"就是用柏木段一层层垒起木墙。

表现出极其宏大的气势。

汉代陵墓呈方尖台的形式,有如将埃及的金字塔上端削平的做法。各代王陵沿关中平原一字排开,气势如虹;陵前有石刻的雕像。汉代陵墓的地上部分依旧为夯土台封土,地下部分则分为两个发展阶段:西汉帝王墓室以木构"黄肠题凑"为主,东汉墓室结构则以砖石为主,称为"黄肠石"。

西汉的陵墓除了掘地起坟之外,还出现了一种"凿山为陵"的形制。"凿山为陵"的墓室大多数是横穴式,并且分为耳室、前室和后室等很多部分。而竖穴式的坟则改用砖和石料构建墓室,形制和结构完全模仿现实生活中的房屋、宫殿和院落。在这些墓葬里,墙壁上大都绘有彩色的壁画,或者有模印的画像砖,而在石结构的墓葬里则大都是雕刻画像。

西汉时期从高祖开始,各陵都安置了很多陪葬墓,被称为"陪

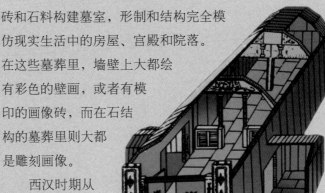

这种空心砖常用在汉代墓葬中以建筑墓室,空心砖的形状尺寸根据使用部位的不同而变化。有些表面还塑有花纹和装饰图案。图中就是比较典型的空心砖墓。

陵"，形成规模宏大的陪葬墓地。陪葬者大都是当时的朝廷重臣和皇亲国戚。据记载，陪葬长陵的有萧何、曹参、张良等一些开国元勋；陪葬茂陵的有卫青、霍去病等名将。陪葬者的墓地多是皇帝所赐，各自建有陵园、园邑和祠堂。有的还把子孙附葬在父祖墓旁，形成宗族墓地。陪葬者地位越高，离帝陵越近，封土也较高大。

公元25年，刘秀建立了东汉政权。东汉陵园四周的建筑与西汉相异，不筑垣墙，改用"行马"。通往陵冢的神道两侧还列置成对石雕，开创了在神道两侧建置石雕的先例，更进一步显示了皇帝至高无上的权威。这一建制为以后各朝所沿用。

秦汉两代，皇家园林以山水宫苑的形式出现，即皇家的离宫别馆与自然山水环境结合起来，其范围大到方圆数百里。秦始皇在陕西渭南建的信宫、阿房宫不仅按天象来布局，而且"弥山跨谷，复道相属"，在终南山顶建阙，以樊川为宫内之水池，气势雄伟、壮观。由于秦始皇曾数次派人去神话传说中的东海三仙山——蓬莱、方丈和瀛洲求取长生不老之药，"引渭水为池，筑为蓬、瀛"，表达了对仙境的向往。

汉代，在囿的基础上发展出新的园林形式——苑，苑中养百兽，供帝王射猎取乐，保存了囿的传统。苑中还有宫、有观，成为以建筑组群为主体的建筑宫苑。汉武帝刘彻扩建上林苑，地跨五县，周围三百里，"中有苑二十六，宫二十，观三十五"，上林苑苑中既有皇家住所，欣赏自然美景的去处，也有动物园、植物园、狩猎区，甚至还有跑马赛狗的场所，成就了中国皇家园林建设的第一个高峰。"其北治大池，渐台高二十余丈，名曰太液池，中有蓬莱、方丈、瀛洲、壶梁，象海中神山、龟鱼之属。"这种"一池三山"的形式，成为后世宫苑中池山之筑的范例，并一直延

黄肠题凑是怎么回事

"黄肠题凑"为天子葬制。所谓"黄肠"，即去皮后的柏木为黄心。"题凑"是一种葬式，始于上古，多见于汉代，汉以后很少再用。棺椁周围用木头垒起一圈墙，上面盖上顶板，就像一间房子似的。天子以下的诸侯、大夫、士也可用题凑，但一般不能用柏木，而用松木及杂木等。但经天子特许，诸侯王和重臣死后也可用黄肠题凑，如汉霍光死，汉宣帝"赐给梓宫、便房、黄肠题凑各一具"。

这块画像砖上的住宅，中间的墙将住宅分为左右两部分。左半部为院落，第一进院落为入口的过渡空间，第二进院落为主要庭院。庭院北部为住宅的主体建筑，即"堂"。住宅右部前进院内有水井，后面有一木构高楼，用于储藏。这块画像砖生动的反映了汉代士大夫的住宅面貌。

古印度以塔作为佛祖的象征而崇拜，后来印度佛塔随着佛教传入中国，和中国木楼阁建筑相结合，形成了中国式的木构佛塔。

续到清代。

秦汉时代一个伟大的建设工程是万里长城。秦代第一次将战国时各诸侯国的长城，连接为一条较为完整的防御结构体系。

西汉末叶，台榭建筑渐次减少，中国木结构建筑体系成熟的标志之一的楼阁建筑开始兴起。从许多壁画、画像石上描绘的礼仪或宴饮图中可以看到当时殿堂室内高度较小，不用门窗，只在柱间悬挂帷幔。西汉宫殿多以辇道中相属，而未央宫西跨城作飞阁通建章宫，可见当时宫殿多为台榭形制，故须以阁道相连属，甚至城内外也以飞阁相往来。东汉中后期的明器中常有高达三四层的方形阁楼，每层用斗拱承托腰檐，其上置平坐，将楼划分为数层，此种在屋檐上加栏杆的方法，战国铜器中已见，汉代运用在木结构上，满足遮阳、避雨和凭栏眺望的要求。各层栏檐和平坐有节奏地挑出和收进，使外观稳定又有变化，并产生虚实明暗的对比，创造出中国阁楼的特殊风格，南北朝盛极一时的木塔就是以此为基础。

通过大量东汉壁画、画像石、陶屋、石祠等可知，当时北方及四川等地建筑多用抬梁式构架，间或用承重的土墙；南方则用穿斗

在东汉，出现了画像砖，其图案生活气息浓厚，造型生动，具有很高的艺术价值。这块画像砖绘制的就是东汉时人们酿酒的情景。

架，斗拱已成为大型建筑挑檐常用的构件。中国古代木构架建筑中常用的抬梁、穿斗、井干三种基本构架形式此时已经成型。木构建筑的斗拱形式，除流行"一斗二升"外，还可以看到"一斗三升"的新形式。汉代建筑组群多为廊院式布局，常以门、回廊衬托最后主体建筑的庄重，或以低小的次要房屋，纵横参差的屋顶，以及门窗上的雨搭，衬托中央主要部分，使整个组群呈现有主有从，富于变化的轮廓。

砖的发明是建筑史上的重要成就之一。在秦代已有承重用砖，秦始皇陵东侧的俑坑中有砖墙，砖质坚硬。秦咸阳宫殿遗址也发现有大量瓦当、花砖、石雕和青铜构件。砖在汉代建筑更是使用广泛。西汉中后期至东汉砖石拱券结构日益发达，用于墓室、下水道，除并列纵联的砖砌筒壳外，还有穹隆顶和双曲扁壳。

在建筑装饰方面，早在战国时代，秦国的建筑装饰已有相当程度的发展，奔鹿纹、凤鸟纹、豹纹、双獾纹的秦国圆瓦当，其艺术水平

这座陶屋底部为短柱支撑的平台，建筑居住面位于平台以上，俨然勾勒出了汉代干栏式建筑的形象。

这是汉明器中的木结构阁楼建筑，从中可以看出汉代斗拱已发展成为楼阁中的主要结构构件。

这座东汉画像石墓为砖石拱券结构，整个墓室被分为前中后三室，室内布满雕琢精细的大幅画像石。图中是其前墓室的大门。

知识链接

什么叫斗拱

　　"斗拱"是中国建筑上最具特色的构件，它在某种程度上成了中国古代建筑的象征。斗拱是靠榫卯将一组小木构件相互叠压组合形成的。斗拱最基本的组成因素有两个，一是横向和纵向的水平构件"拱"；一个是位于拱之间，负责承托连接各层拱的方形构件"斗"。有些斗拱中还加入斜向的构件，如"昂"。

比燕、齐等国的半瓦当明显高出一筹。秦始皇统一中国后，瓦当图案更加丰富多样，除流行云纹和葵瓣花纹外，还有四鹿纹、四兽纹、子母凤纹及鹿鸟昆虫纹圆瓦当，构图更加饱满，形式愈加华丽。此外，秦代开始出现吉祥文字瓦当，如"唯天降灵，延元万年，天下康宁"十二字篆文瓦当。

　　到两汉时期，更流行卷云纹瓦当和吉祥文字瓦当。西汉末年，出现了青龙、白虎、朱雀、玄武等四神瓦当，形象矫健活泼，瓦当中央的半球形图案越来越显著。汉人尤擅长将表意的汉字，变成庄重典雅的装饰艺术品，如栎阳、周至等县出土的"汉并天下"、"长乐未央"文字瓦当，长安汉城遗址还发现"延年益寿，与天相侍，日月同光"为内容的十二字瓦脊。

　　总之，秦汉时期可谓中国建筑的青年时期。建筑特点是：都城区划规则，居住里坊和市场以高墙封闭；宫殿、陵墓都是很大的组群，其主体为高大的团块状的台榭式建筑；重要的单体多为十字轴线对称的纪念型风格，尺度巨大，形象突出；屋顶很大，曲线不显著，但檐端已有了"反宇"；雕刻色彩装饰很多，题材诡谲，造型夸张，色调浓重；重要建筑追求象征含义。

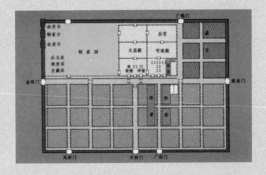

始皇陵

公元前246年，十三岁的秦始皇登基后不久，就任命丞相李斯设计了陵墓。陵墓主要材料都运自四川、湖北等地，被征召修筑骊山陵园的民夫最多时达七十多万人，直到公元前210年他病死时尚未修完，由秦二世又接着修了两年才勉强竣工，前后历时三十九年，工程之浩大，为历史罕见。

秦始皇陵位于今天陕西临潼县城东的骊山北麓，是中国保存至今的最大的帝王陵墓之一。始皇陵背靠骊山，脚蹬渭河，左有戏水，右有灞河，南产美玉，北出黄金，真乃风水宝地，寄予着秦始皇让子孙万代永享福寿的心愿。

秦始皇陵总体上仿照都城宫殿的规划布置，布局既继承了秦国的陵寝制度，同时又吸收了东方六国陵寝的一些做法，规模更加宏大，设施更加完备，充分体现了中央集权制封建皇权的至高无上。陵园呈东西走向，面积近8平方公里，有内城和外城两重，围墙大门朝东。墓冢位于内城南半部，每边约350米，有如埃及金字塔，呈三层方锥

东汉建安十八年，曹操在河北临漳县西南建邺城。邺城平面呈长方形，东西7公里，南北5公里。邺城一改汉代都城布局零散的缺点，城市功能分区明确。

秦始皇在位共37年。他雄才大略，好大喜功。曾大兴土木，修建陵墓。

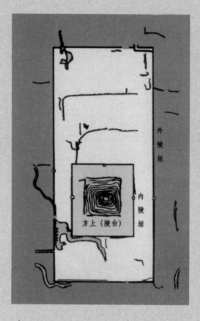

图为秦始皇陵陵区的平面示意图。

体台级状，现高76米，底基为方形。

据《史记·秦始皇本纪》载：墓室一直挖到很深的泉水以后，然后用铜烧铸加固，放上棺椁。墓内修建有宫殿楼阁，里面放满了珍奇异宝。墓内还安装有带有弓矢的弩机，若有人开掘盗墓，触及机关，将会成为殉葬者。墓顶有夜明珠镶成的天文星象，墓室有象征江河大海的水银湖，具有山水九州的地理形势。还有用人鱼膏做成的灯烛，欲求长久不息。秦二世在埋葬秦始皇时，下令始皇宫内没有子女的宫女全部殉葬。为了防止泄密，参加修建墓葬的工匠都被活埋在墓里殉葬。

秦始皇陵园里最壮观、最引人入胜的莫过于兵马俑了，共有武士俑约七千个、驷马战车一百多辆、战马一百余匹，以及数千件各式兵器，被誉为"世界第八大奇迹"。兵马俑象征了秦始皇东征六国的军队和出行的仪仗队，形象地再现了秦始皇横扫六合的雄壮景象。这些兵马俑的制作一般是先按不同的部位分别用陶模翻出胎型，然后进行粘合，再仔细雕塑外部，涂上鲜艳的色彩。俑的造型因出身、地位、经历的不同而显出不同的特征和表情，它们的装束服饰也迥然各异，具有强烈的艺术感染力，堪称中国古代

此为秦始皇陵鸟瞰图。

兵马俑是举世无双的艺术品，它们排成方阵，气势雄伟，是秦始皇陵园的地下卫士。

艺术的典范。

秦亡之后，项羽入关，动用了几十万士兵发掘陵墓，随葬品被洗劫一空，宝物运了一个月还没有运完。传说后来有一个牧羊人寻羊，进入墓室，因为持火照明，引起了地宫失火，延烧三个月都没有熄灭。唐代末年，黄巢农民起义军进入长安也曾经发掘秦始皇陵。五代时军阀温韬又以筹军饷为名，再次大规模地盗掘秦始皇陵。历经两千多年的风雨侵蚀和人为破坏，现在秦始皇陵园地面上的建筑已经荡然无存，只剩下一座巨大的坟丘。

知识链接

为什么皇帝的坟墓称“陵”

“陵”原为大土山之意。其实在周朝以前，君王的坟墓都称“墓”而不称为“陵”。商朝君王的坟墓也称“墓”。又《周礼·春官·冢人》：“掌公墓之地，辨其兆域而为之图。”《周礼·春官·墓大夫》：“掌凡邦墓之地域。”冢人的职责是掌管君侯的墓，分清方位、地形并画为图；墓大夫则专职管理全国墓地，并将坟墓形势画成图。

中国帝王的坟墓开始称为“陵”，约从战国中期以后，首先出现于赵、楚、秦等国。《史记·赵世家》载：“赵肃侯十五年经营寿陵。”《秦始皇本纪》载：“秦惠文王葬公陵，悼武王葬永陵，孝文王葬寿陵。”

(接下页)

汉高祖长陵

刘邦是中国历史上第一个"以布衣提三尺剑有天下"的皇帝。楚汉战争中，他叱咤风云，"大战七十，小战四十"，身负重伤十二次，最终击败了不可一世的西楚霸王项羽，建立了西汉王朝。

汉高祖刘邦长陵，在陕西咸阳窑店乡北的咸阳原上，南面是川流不息的渭水，北面是巍峨壮观的九崚山，秦川故道穿逾原下。长陵居高临下，威武壮观，显示了封建帝王高高在上的尊严。

刘邦称帝的第二年即开始营建长陵。陵园是仿照西汉都城长安建造的，只是规模略小而已。陵园内还建有豪华的寝殿、便殿。寝殿内陈设汉高祖的"衣冠几仗象生之具"，完全像皇帝生前时一样侍奉。

刘邦的陵冢在陵园的偏西处，形状像覆斗，由夯土迭筑而成。陵前立有清乾隆年间陕西巡抚毕沅所书的"汉高祖长陵"石碑一通，陵冢下面是刘邦安寝的地宫。由于汉代有帝后不同陵的制度，所以在长陵东面二百多米的地方，还有覆斗形的吕后合葬陵。

陵园的北面是长陵邑的所在地，在现在咸阳市的韩家湾。陵邑略呈长方形，城墙由夯土筑成，南北

知 识 链 接

因为当时封建王权不断增强，为表现最高统治者至高无上的地位，其坟墓不仅占地广阔，封土之高如同山陵，因此帝王的坟墓就称为"陵"。

中国历代王朝提倡"厚葬以明孝"、"事死如事生"，所以每每皇帝逝世，就不惜花费大量的人力、财力为其建造巨大的陵墓。依规定，皇帝的墓可建九丈高，但一般皇帝陵总是超过这个高度。至于老百姓的坟墓，不但要称为"坟"，还受限在三尺以下，否则就是违法，要接受处罚。其他大臣们的坟墓也有规格限制，不能随便超越。

汉朝之后，几乎每个皇帝陵都有称号。如汉武帝的陵墓称为"茂陵"，唐太宗李世民的陵墓称为"昭陵"等。还有生前没有当过皇帝，因为子孙做了皇帝，死后就被追尊为帝的，他的坟墓也被称为"陵"。如明太祖朱元璋做皇帝后，追谥他的父亲朱世珍为淳帝，立

（接下页）

汉高祖刘邦

此图为汉高祖刘邦像。

长，东西宽。陵邑的南墙部分与陵园边墙重合，东面没有城墙建筑。刘邦生前就迁徙五万多大姓和贵戚之家在陵邑中，让其侍奉陵园。从在长陵陵邑内发现的树木双兽纹半瓦当和大量瓦片堆积、水管道、生产工具等，可以窥见当年陵邑朱檐彩栋、深宫广院、车马人熙的繁华景象。

陵园东部是陪葬墓群所在。唐朝诗人刘彦谦《长陵诗》说："长陵高阙此安刘，附葬累累尽列侯。"在西汉诸陵中，长陵的陪葬墓数量最多，跟随刘邦南征北战的功臣和贵戚，死后多陪葬在长陵。

西汉灭亡之后，历代帝王曾对长陵采取了一些保护措施。比如魏明帝诏："高祖陵四方各百步，不得耕牧樵采"。宋太祖乾德年间规定："给守陵五户，长史春秋奉祀。"这使高祖长陵历经两千多年的风雨仍以高大雄伟的姿态，屹立在咸阳原上，给了我们更多缅怀和凭吊的机会。

光武帝原陵

原陵是东汉开国皇帝刘秀的陵墓，在河南孟津县白河乡附近。原陵南依山势平缓的邙山，北顾山峦起伏的太行，波涛滚滚的黄河沿陵北侧咆哮东去，可谓是风水宝地。

光武帝的陵冢位于陵园北部，坐北朝南，封土为陵。陵冢上下松柏掩映，陵前有一通穹碑，碑身镌刻"东汉中兴世祖光武皇帝之陵"。其中"中

知识链接

庙号为仁祖，就安徽凤阳原墓建为皇陵；追谥他的祖父朱初一为裕帝，庙号为熙祖；追谥他的曾祖父朱四九为恒帝，立庙号为懿祖；追谥他的高祖父朱百六为玄帝，庙号为德祖；因德、懿二祖葬址不详，于是将熙祖江苏原葬处建陵葬三位祖帝后衣冠，三人合葬的坟墓称为祖陵。随着岁月的流逝，昔日帝王的尊贵荣耀已是过眼云烟，只有这些陵墓仍巍峨耸立，向后人诉说着他们曾经写下的辉煌史迹。

汉光武帝陵是东汉光武帝刘秀的陵园（故称原陵）。陵高15米，周长487米，园内现存千年古柏1500多株，共占地6.6万平方米。整个陵园，郁郁苍苍，肃穆壮观，山门巍峨，红墙绿瓦，气势壮观。原陵西侧光武祠前大道两侧原有巨柏28株，象征辅佐刘秀打天下的28名将领。

兴世祖"四字尤为明亮。传说过去老百姓多到这里抚碑择吉问凶：人离碑十步，双手平伸，闭目走去，能摸到这四个字就是吉兆。从陵冢到门阙修有神道，神道两侧原排列有石象、石马等石雕和整齐葱茏的柏树，现在只有柏树犹存，其中二十八棵高耸入云，当地百姓称之为"二十八宿"，传说是象征跟随刘秀南征北战立下赫赫战功的"云台二十八将"。

秦都咸阳

秦朝在我国历史上是一个地位极为重要的朝代。秦始皇统一了中国大部分地区，除西部、西南部和东北部的边疆地区当时尚未开发外，其版图基本上沿用至今；它建立的一套中央集权制度，也基本上为后世历代王朝所继承和使用；它奠定了中国作为统一的多民族国家的基础；它设郡县，车同轨，书同文，废井田，辟驰道，统一度量衡。秦朝在历史上虽然只有短短的十五年，但对后世却有极其深远的影响。

如此宏伟壮丽的朝代，其都城必然也是充满无限魅力的。秦都咸阳，是现知始建于战国的最大城市。它北依毕塬，南临渭水，咸阳宫东西横贯全城，连成一片，居高临下，气势雄伟。据考古发现，在接近宫殿区中心部位有咸阳宫"一号宫殿"遗址。"一号宫殿"遗址东西长60米，南北宽45米，高出地面约6米，利用土塬为基加高夯筑成台，形成二元式的阙形宫殿建筑。它台顶建楼两层，其下各层建围廊和敞厅，使全台外观如同三层，非常壮观。上层正中为主体建筑，周围及下层分别为卧室、过厅、浴室等。下层有回廊，廊下以砖墁地，檐下有卵石散水。室内墙壁皆绘壁画，壁画内容有人物、车马、动物、植物、建筑、神怪和各种边饰。色彩有黑、赫、大红、朱红、石青、石绿等。

西汉长安

汉长安城遗址位于距西安城西北约五公里的龙首塬北坡的渭河南岸汉城乡一带。其作为都城的历史近三百五十年，实际使用年代近八百年，是中国古代最负盛名的都城，也是当时世界上最宏大、繁华的国际性大都市。

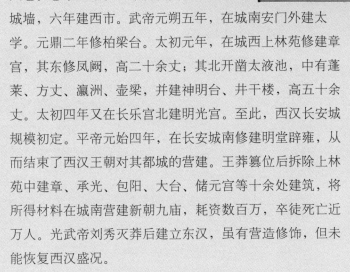

公元前202年，高祖刘邦在秦兴乐宫的基础上营建长乐宫，揭开了长安城建设的序幕。公元前199年，丞相萧何提出"非壮丽无以重威"，营建未央宫，立东闸、北闸、前殿、武库、太仓。惠帝三年、五年筑长安城墙，六年建西市。武帝元朔五年，在城南安门外建太学。元鼎二年修柏梁台。太初元年，在城西上林苑修建章宫，其东修凤阙，高二十余丈；其北开凿太液池，中有蓬莱、方丈、瀛洲、壶梁，并建神明台、井干楼，高五十余丈。太初四年又在长乐宫北建明光宫。至此，西汉长安城规模初定。平帝元始四年，在长安城南修建明堂辟雍，从而结束了西汉王朝对其都城的营建。王莽篡位后拆除上林苑中建章、承光、包阳、大台、储元宫等十余处建筑，将所得材料在城南营建新朝九庙，耗资数百万，卒徒死亡近万人。光武帝刘秀灭莽后建立东汉，虽有营造修饰，但未能恢复西汉盛况。

由于长安城是利用原有基础逐步扩建的，而且北面靠近渭水，所以城市布局并不规则，未央宫偏于西南侧，正门向北，形成一条轴线。大臣的甲

汉代以长乐宫为基础修建长安城，汉高祖又建未央宫作为主要宫殿。汉武帝时又大兴土木建设汉长安，形成了以长乐、未央、桂宫、北宫、明光宫五组宫殿为主，其间夹杂民居、衙署、仓库等建筑。城内外设有市场，城外还有皇家园囿，汉长安郊外还设有陵邑，形成了以长安为中心的城市群。

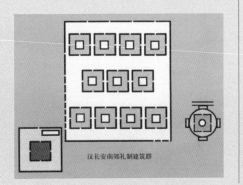

汉长安南郊礼制建筑群

王莽宗庙位于汉长安南郊，西邻汉平帝明堂，建于王莽新朝地皇元年。它由12座平面形式的建筑组成。其中11座建筑东西成三排分布。每座建筑边长55米，其外都有边长260米的方形围墙，四面辟门。

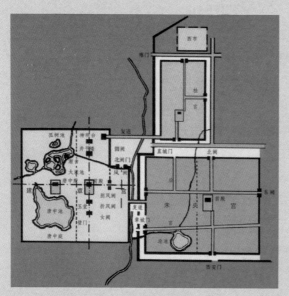

这是汉建章官平面复原及未央官的关系示意图。未央官位于西汉长安城西南，整个宫殿占地东西2150米，南北2250米，平面约为方形，面积5平方公里。官内主要有前殿、宣室殿、温室殿、昭阳殿、柏梁殿等大量建筑。

第区在北厥外；大街东西还分布着九个市场；未央宫东厥外是武库和长乐宫。北侧靠近渭水地势较低处，布置着北宫、桂宫、明光宫以及市场和居民的闾里。

汉长安城共有比较大的宫殿三座。位于城东南的是长乐宫，周长9公里，面积5平方公里，占汉长安城面积的六分之一，宫内共有前殿、宣德殿等十四座宫殿台阁。位于城西南的是未央宫，始终是汉代的政治中心，史称西宫，其周长9公里，面积5平方公里，占城面积七分之一，宫内共有四十多个宫殿台阁，十分壮丽雄伟。建章宫是一组宫殿群，周围十余公里，号称"千门万户"。

长安城每面都有三座门，其中东面靠北的宣平门是通往东都洛阳的必经之路，所以这一带居民稠密。向北经横桥去渭北的横门，正对未央宫正门，又是去渭北各地的咽喉，所以街市特别热闹。

汉长安的另一特点是在东南与北面郊区设置了七座城市——陵邑，所谓"七星伴月"，这些陵邑都是从各地强制迁移富豪之家来此居住，用以削弱地方势力，加强中央集权。

长安城的街道有"八街"、"九陌"，通向城门的八条主干道即是"八街"，

这块画像砖反映了汉代城市中市场的格局。图中间的阁楼为市楼，是管理市场的机构，楼上设有鼓，开市闭市以鼓声为准。市楼四周分布的是商人的店铺。右上部还画有院落，市场四周建有围墙，形成封闭的市场。

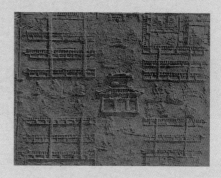

这些街都分成了股道，用排水沟分开，中间为皇帝专用的御道——驰道，其他人即使是太子也不能使用。街两旁植树，街道排水沟通至城门，以涵洞排泄雨水。

汉长安城以其宏大的规模、整齐的布局而载入城市建设发展的史册。

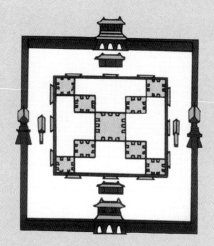

图中方形围墙正中即为明堂。明堂平面呈"亚"字形，九室。正中一室名为太室，象征天上的紫微星，即帝王之星。四周之室则分别代表春、夏、秋、冬等，以比喻天人合一。

明堂辟雍

"明堂辟雍"是中国古代最高等级的皇家礼制建筑之一。"明堂"是古代帝王颁布政令，接受朝觐和祭祀天地诸神以及祖先的场所。"辟雍"即明堂外面环绕的圆形水沟，圆形像辟（辟即璧，为皇帝专用的玉制礼器），环水为雍，

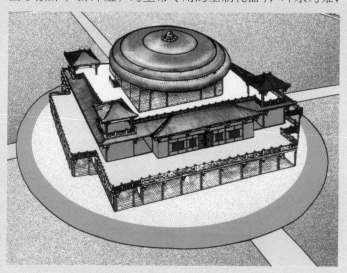

这是汉武帝明堂的复原想象图。明堂坐落于圆形官垣围合的院落中央，四周无壁，以茅草盖顶。上有楼，从西南入，名为"昆仑"。

在汉平帝明堂正中最高处的方形殿堂，就是明堂的中心，即太室，又叫通天屋，是帝王"通天人"之所。

意为圆满无缺，象征王道教化圆满不绝。

　　明堂辟雍建于西汉元始四年（公元前 150 年左右），按照周礼明堂位于"国之阳"的规定，位于长安南门外大道东侧。明堂方位正南北，外围方院，四面正中有两层的门楼，院外环绕圆形水沟，院内四角建曲尺形配房，中央的夯土圆形低台上有折角十字形平面夯土高台明堂遗址。

　　明堂原是一个十字轴线对称的三层台榭式建筑。中央建筑下层四面走廊内各有一厅，每厅各有左右夹室，共为"十二堂"，象征一年的十二个月；中层四面每面也各有一堂，即明堂（南）、玄堂（北）、青阳（东）、总章（西）四"堂"；上层台顶中央和四角各有一亭，呈井字形构图，为金、木、水、火、土五室，祭祀五位天帝，五室间的四面露台用来观察天象。

　　整群建筑十字对称，气度恢弘，符合它包纳天地的定位。

长　城

　　长城与埃及的金字塔，罗马的斗兽场，意大利的比萨斜塔等同被誉为世界七大奇迹，也是世界上修建时间最长，工程量最大的冷兵器战争时代的军事防御工程。

早在公元前 9 世纪，西周就开始沿边界修筑烽火台。敌人来时，在台上举烟，通报敌情。春秋战国时，有二十多个诸侯国和封建王朝修筑过长城。最早是楚国，为防御北方游牧民族或敌国开始营建长城，随后，齐、燕、魏、赵、秦等国基于相同的目的也开始修筑自己的长城。公元前 221 年，秦统一六国，为防范北方匈奴的突袭，于公元前 213 年发起了修筑长城的巨大工程，把秦、燕、赵、魏的原有长城连接起来，并加以扩建。整个工程共征用民工三十万人，连续花了十多年方告完成，建成了西起甘肃临洮（今岷县），沿着黄河到内蒙古临河，北达阴山，南到山西雁门关，东抵辽东，全长达三千多公里的长城。

汉代除重修秦长城外，又修筑了内蒙古河套南的朔方长城，以及凉州西段长城。凉州西段长城北起内蒙古居延海（今额济纳旗境内），沿额济河，经甘肃金塔，西到安西、敦煌、玉门关进入新疆。修成了一条西起大宛贰师城，东至黑龙江北岸，覆盖古丝绸之路一半路程，全长近一万公里，历史上最长的长城。整座长城"五里一燧，十里一墩，卅里一堡，百里一城"，构成了一个严整的防御体系。

汉以后的北魏、北齐、隋、金等朝代都对长城进行过部分修建。到了明代，为了防御鞑靼、瓦剌族的侵扰，经过二十次大规模的修建，筑起了一条西起甘肃嘉峪关，东到辽东虎山，全长 6350 公里的边墙，也就是现在我们所看到的长城。整个重修过程前后达一百多年，可见工程的浩大和艰巨。其中，山西以东的长城采用内部夯土，外面用砖石砌筑的方式，山西以西的长城全用夯土筑成。

整座长城在地势险峻的要地又建有很多关城，著名的有嘉峪关、居庸关、山海关等。其中嘉峪关是现存长城关城中最完整的一处。它始建于明洪武五年（公元 1372 年），气势雄伟，布局周密，结构严谨，有"天下第一雄关"之称。相传，在修建这座雄关时，不但设计和建造技艺高超，而且连用料的计算也非常精确。在关城建成之后，仅剩了一块砖，这块砖被后人放在重关的小楼上，作为纪念。

长城有时有内外多重，甚至多达二十余重，将所有城墙相加，有 14600 余里。若将两千年间历代所筑长城加起来，估计总长可以达到十万里，足可围绕

长城修筑的历史悠久，
工程雄伟浩大，是世界七大
奇迹之一。

地球一圈而有余。长城在历史上起过很大作用，防范了北方游牧人的侵袭，保证中原的安宁，使得中西经济文化交流的丝绸之路得以畅通，也促进了边关各民族的和平贸易与交流。

绵延万余里的长城穿越在崇山峻岭、急流、溪谷等险峻的地段之上，城墙多沿着蜿蜒起伏的山脊线延伸，常利用山脊外侧为陡崖的地形，山、墙相依，更加险固。那雄伟的关城，坚不可摧的城墙，挺然峭拔的城楼、角楼和敌台，孤绝独出的烽火台，它们所构成的点、线、面结合的神奇构图，都转化成了美的韵律，美的节奏。美学家评论说：长城"宛如神奇的巨笔在北国大地上一笔挥就的气势磅礴的草书。城上的敌楼就是这草书中的顿挫，雄关就是这草书的转折，而亭障、墩、堠则是这草书中错落的散点，形成一幅结构完整的艺术巨作，是真正的大地艺术"。

今天，长城作为军事工事的实用功能已经不存在了，它的美却长存了下来，长城的美是一种崇高的美，一种体现"天行健，君子以自强不息"的美，以雄伟、刚强、宏大、粗犷为特征，是中国人追求和平、勇于开拓的体现，传达出一种深沉的民族感情。万里长城是中华民族古老文化的丰碑和智慧结晶，象征着中华民族的血脉相承和民族精神。

长城的重要关塞

万里长城共有二百米个关塞，其中较为著名的莫过于八达岭、居庸关、山海关、嘉峪关、玉门关等等。

八达岭位于延庆县，是明代长城保存得较完整的一段，其关城建于明弘治十八年（公元 1505 年），东窄西宽，呈梯形，有东西二门，东名居庸外镇，西名北门锁钥，都是砖石结构，券洞上为平台，南北两面各开一豁口，接连关城城墙，台上四周有砖砌垛口。这一段的城墙，依山势修筑，墙身高大坚固，下部为条石台基，上部采用大型城砖砌筑，内填泥土和石块。顶部地面铺墁方砖，嵌缝密实。内侧为

八达岭长城史称天下九塞之一，是万里长城的精华，在明长城中，独具代表性。

居庸关是万里长城的重要关口，两旁高山屹立中间是一条长达 20 公里的关沟，关城即设在关沟当中，是往来于塞内外的咽喉通道。为古代北京西北的重要屏障，历代以来即为兵家必争之地。

金山岭长城位于河北滦平县与北京密云县的交界处（以长城为界），这段长城军事设施完备，构筑坚实，从金山岭至司马台是北京地区原貌保存最完好的一段。

宇墙，外侧为垛墙，垛墙上方有垛口，下方有射洞。山势陡峭处，砌成梯道，山脊高地、城墙转角或险要处，则筑有堡垒式城台、敌台或墙台。城墙高低宽窄不一，平均高7米余，有些地段高达14米，墙基平均宽6.5米，顶宽5米余，可容五马并驰或十人并进。

居庸关位于昌平县。居庸关的名字，是取"徙居庸徒"的意思。相传秦始皇修筑长城时，把强征来的民夫士卒徙居于此。汉代沿称，三国时代名西关，北齐时改纳款关，唐代有居庸关、蓟门关、军都关等名称。此后各代仍称居庸关口。砌旁群山耸立，翠嶂重叠，中有长达二公里的溪行，俗称关沟。这里地势险要，素有"一夫当关，万夫莫开"的气势。

金山岭在河北滦平县巴克什营花楼沟一带，因修筑于燕山第一峰雾灵峰与古北口卧虎岭之间的大、小金山之上，故有此名。此段长城建于明隆庆四年（公

元1570年），相传是抗倭名将戚继光和谭纶修建的，长约三十公里，依山势蜿蜒曲折，高低隐现，气势磅礴。由于这里地势低缓，易攻难守，城墙修筑得十分厚实坚固，烽火台巍峨高大，城关要塞星罗棋布，楼台密集，共有158座之多。这些楼台形式各有不同，楼墩有方形、扁形、圆形等，楼顶有船篷、穹隆、四角和八角钻天等形状，此外还有不多孔眼的望台，以及长城沿线少见的库房楼等。

山海关坐落于河北秦皇岛东北，是中国华北与东北交通必经的关隘。明洪武十四年（公元1381年），大将徐达在此修筑长城，建关城设卫。关城北倚峰峦叠翠的燕山山脉，南临波涛汹涌的渤海湾，因此得名山海关。关城平面呈方形，周长4公里，高14米，厚7米。有城门四座，东门最为壮观，内悬"天下第一关"匾额，西门名迎恩，南门名望洋，北门名威远，各门上都筑城楼，城中心建钟鼓楼，城外有护城河。

山海关是明长城的东北起点，境内长城26公里，据史料记载，山海关自公元1381年建关设卫，至今已有600多年的历史，自古即为我国的军事重镇，是一座防御体系比较完整的城关，有"天下第一关"之称。

嘉峪关城从初建到筑成一座完整的关隘，经历了168年（1372 — 1539年）的时间，是明代长城沿线九镇所辖千余个关隘中最雄险的一座，至今保存完好。

玉门关，曾是汉代时期重要的军事关隘和丝路交通要道。玉门关又称小方盘城，耸立在敦煌城西北90公里处的一个沙石岗上。关城呈方形，四周城垣保存完好，为黄胶土夯筑，开西北两门。城墙高达10米，上宽3米，下宽5米，上有女墙，下有马道，人马可直达顶部。

嘉峪关位于甘肃戈壁滩上嘉峪关镇西南隅，坐落在祁连山脉文殊山与合黎山脉黑山间的峡谷地带嘉峪塬上，是万里长城西端的终点。建于明洪武五年（公元1372年），但是早在汉隋两代已建有墩台，由于地势险要，建筑雄伟，自古以来称为"天下雄关"，是扼守河西走廊的第一要隘，也是古代丝绸之路必经之地。嘉峪关规模宏大，气势雄伟，整个建筑由内城、外城、城墙等部分组成"城内有城"，它作为内地与西域、中原与大漠之间纷争与融合的见证，悲壮而辉煌。

玉门关位于甘肃敦煌市北境。汉武帝为抗御匈奴，联络西域各国，隔绝羌、胡，开辟东西交通，在河西"列四郡，据两关"，分段修筑障塞烽燧，元鼎六年（公元前111年），由令居（今甘肃永登县）筑塞至酒泉（今甘肃省酒泉市），元封四年（公元

前107年），由酒泉筑塞至玉门关。

阿房宫

秦始皇在他即位的第三十五年，"以为咸阳人多，先王之宫廷小"，于是要再造一个宫殿。大臣问造在哪里，秦始皇说："阿房"。"阿房"并非实际地名，意思是"近旁"、"旁边"。听了始皇的话，大臣们就命工匠在咸阳宫旁边的上林苑建了一个"复压三百余里，隔离天日"的庞大宫殿——阿房宫。

阿房宫位于今陕西省咸阳市以东，基址在秦咸阳上林院内。秦始皇曾经动用十万刑徒兴建阿房宫。此图是阿房宫建筑遗址中"一号宫殿"的复原想象图。

据《史记·秦始皇本纪》记载，阿房宫"前殿东西五百步，南北五十丈，上可以坐万人，下可以建五丈旗。周驰为阁道，自殿下直抵南山，表南山之巅以为阙。为复道自阿房渡渭属之咸阳……隐宫徒刑者七十余人……咸阳之旁二百里内，宫观二百七十，复道甬道相连，帷帐钟鼓美人充之，各案署不移徙"。规模如此巨大的阿房宫，直到秦始皇死时都未建好，由秦二世继续营建。然而公元前206年，"项羽引兵西屠咸阳，烧秦宫室，火三月不灭"，给我们留下了无尽的遗憾和对阿房宫的无尽幻想。

尽管美轮美奂的阿房宫消失在历史的硝烟中，但我们仍可以以管窥豹。

此图为阿房宫建筑遗址中"一号宫殿"的剖面图。

此图是阿房宫建筑中"四号宫殿"的遗址。

现存的阿房宫遗址位于西安三桥镇南一带，面积约8平方公里。遗址内有阿房宫前殿、"上天台"、北阙门等夯土台或基址19处。其中前殿遗址的夯土台东西长1320米，南北宽420米，高7~9米，台上发现石础，陶水管道，并散布大量板瓦、筒瓦、瓦当，可谓中国古代最大的夯土建筑台基。这也反映出秦朝的宫苑建筑大抵因势而筑，即随着自然形势来筑造，规模宏伟壮丽，极力标榜帝王的尊严和极权。

上林苑

历代帝王不仅在都城内建有宫苑，在郊外和其他地方也建有离宫别苑。有的朝贺和处理政事的宫殿，也称为行宫。著名的宫苑，汉有上林苑、建章宫，南北朝有华林苑、龙腾苑，隋有西苑，唐有兴庆宫、大明宫和九成宫，北宋有艮岳，明有西苑，清有圆明园、颐和园和避暑山庄等。

公元前138年，汉武帝刘彻在国力强盛之时，开始大造宫苑。把秦的旧苑上林苑，加以扩建形成苑中有苑，苑中有宫，苑中有观，地跨长安、咸宁、周至、户县、蓝田五县县境，纵横三百里，有霸、产、泾、渭、丰、镐、牢、橘八水出入其中。其规模之大，可以从《汉旧仪》所载看出：

"上林苑方三百里，苑中养百兽，天子秋冬射猎取之。其中离宫七十所，皆容千乘万骑"。另《关中记》载："上林苑门十二，中有苑三十六，宫十二，观三十五。"从以上记载中可以看出，上林苑一方面养百兽供帝王狩猎，完全继承了古代囿的传统，苑中又有宫与观（供登高远望的建筑）等园林建筑，并作为苑的主题。

上林苑中共有三十六苑，如宜春苑、御宿苑、思贤苑、博望苑等，各个不同的苑又有不同的用途。如思贤苑是专为招宾客的，实际上是搜罗人才的地方。御宿苑则是汉武帝的禁苑，是他在上林苑中的离宫别馆："游观止宿其中，故曰御宿。"上林苑中还有一些各有用途的宫、观建筑，如演奏音乐和唱曲的宣曲宫；观看赛狗、赛马和观赏鱼鸟的犬台宫、走狗观、走马观、鱼鸟观；饲养和观赏大象、白鹿的观象观、白鹿观；引种西域葡萄的葡萄宫和养南方奇花异木如菖蒲、山姜、桂、龙眼、荔枝、槟榔、橄榄、柑橘之类的扶荔宫；角抵表演场所平乐观；养蚕的茧观；还有承光宫、储元宫、阳禄观、阳德观、鼎郊观、三爵观等。由此，我们可以看出，全园划分成若干景区和空间，使各个景区都有景观主题和特点，后来我国历代皇家园林都师承了汉代苑的活动内容。

上林苑中还有各种各样的水景区，如昆明池、镐池、祀池、麋池、牛首池、蒯池、积草池、东陂池、当路池、太液池、郎池等池沼水景。昆明池是汉武帝元狩四年（公元前119年）所凿，在长安西南，周长40里，列观环之，又造楼船高十余丈，上插旗帜，十分壮观。据《三辅故事》记载："昆明池盖三百二十顷，池中有豫章台及石鲸鱼，刻石为鲸鱼，长三丈，每至雷雨，常鸣吼，鬐尾皆动"，"池中有龙首船，常令宫女泛舟池中，张风盖，建华旗，作棹歌，杂以鼓吹，帝御豫章观临观焉。"据《史记·平准书》和《关中记》，修昆明池是用来训练水军。在池的东西两岸立牵牛、织女的石像。

建章宫是上林苑中最重要的宫城。建章宫北太液池是组景很好的园林景区，池中有蓬莱、瀛洲、方丈，像海中神山。《两京杂记》记载："太液池西有一池名孤树池，池中有洲，洲上杉树一株，六十余围，望之重重如彩盖，故取为名。"又有彩蛾池，"武帝凿池以玩月，其旁起望鹄台以眺月，影入池中，使宫人乘舟弄月影，名影娥池，亦曰眺蟾台。"这都说明太液池水景区的水面划分与空间处理，以及水面的意境都很有奇趣。

上林苑中的植物相当丰富，特别是远近群臣各献奇树异果，单是朝臣所献就有二千多种。

上林苑既有优美的自然景物，又有华美的宫室组群分布其中，包罗多种生活内容，是秦汉时期宫苑建筑的典型。在当时的园林布局中，栽树移花、凿池引泉不仅已普遍运用，而且也开始注重石构的艺术，进行叠石造山，这也是通常的造园手法，自然山水，人工为之。苑内除动植物景色外，还充分注意了以动为主的水景处理，学习了自然山水的形式，以期达到坐观静赏、动中有静的景观目的。这种人为的园林山水造景的出现，为以后的山水园林艺术设计与发展开创了先例。

建章宫

汉武帝刘彻于太初元年（公元前104年）建造了建章宫。《三辅黄图》载："周二十余里，千门万户，在未央宫西、长安城外。"武帝为了往来方便，从未央宫直至建章宫筑有飞阁辇道。

就建章宫的布局来看，从正门圆阙、玉堂、建章前殿和天梁宫形成一条中轴线，其他宫室分布在左右，全部围以阁道。宫城内北部为太液池，筑有蓬莱、瀛洲、方丈三神山，宫城西面为唐中庭、唐中池。中轴线上有多重门、阙，正门曰阊阖，也叫璧门，高25丈，是城关式建筑。后为玉堂，建台上。屋顶上有铜凤，高五尺，饰黄金，下有转枢，可随风转动。在璧门北，起圆阙，高25丈，其左有别凤阙，其右有井干楼。进圆阙门内二百步，最后到达建在高台上的建章前殿，气魄十分雄伟。宫城中还分布众多不同组合的殿堂建筑。璧门之西有神明，台高50丈，为祭金人处，有铜仙人舒掌捧铜盘玉杯，承接雨露。

建章宫北为太液池。《史记·孝武本纪》载："其北治大池，渐台高二十余丈，名曰太液池，中有蓬莱、方丈、瀛洲、壶梁，象海中神山，龟鱼之属。"太液池是一个相当宽广的人工湖，因池中筑有三神山而著称。这种"一池三山"的布局对后世园林有深远影响，并成为创作池山的一种模式。

太液池畔有石雕装饰。《三辅故事》载："池北岸有石鱼，长二丈，广五尺，西岸有龟二枚，各长六尺。"太液池畔有大量植物和禽鸟："太液池边皆是雕胡

建章宫是汉武帝修建的，宫内有50米的神明台、井干楼。宫北作太液池，池中作蓬莱、方丈、瀛洲，以象征海中的仙台。此图是清人绘制的建章宫图，虽然建筑风格并非汉代，但我们也可从中领略建章宫的壮观气势。左上角便是太液池。

（菱白之结实者）、紫择（葫芦）、绿节（菱白）之类……其间凫雏雁子，布满充积，又多紫龟绿鳖。池边多平沙，沙上鹈鹕、鹧鸪、䴔青、鸿狈，动辄成群。"

太液池三神山浮于大海般的悠悠烟水之上，水光山色，相映成趣；岸边满布水生植物，平沙上禽鸟成群，生意盎然，开后世自然山水宫苑的先河。

汉　阙

我国现存的汉阙都为墓阙，在现存三十座汉代石阙中较为完整的一座是位于四川雅安市城东汉碑村的高颐阙。它是东汉益州太守高颐及其弟高实的双墓阙的一部分。东西两阙相距13.6米，东阙现仅存阙身，西阙即高颐阙保存完好。高颐阙由红色硬质长石英砂岩石堆砌而成，为有子阙的重檐四阿式仿木结构建筑，其中上下檐之间相距十分

知 识 链 接

"阙"到底是什么

"阙"是我国古代在城门、宫殿、祠庙、陵墓前用以记官爵、功绩的建筑物，用木或石雕砌而成，一般是两旁各一，称"双阙"；也有在一大阙旁再建一小阙的，称"子母阙"。城阙还可以登临瞭望，因此也有把"阙"称为"观"的。

"阙"是标识建筑物入口的建筑，列于大门两侧。此图中的高颐阙位于四川雅安，是东汉益州太守高颐的墓阙。此阙平面呈凸字形，主阙高约5.8米，子阙高3.3米。高颐阙屋檐舒展，高低协调，具有很高的艺术价值。

紧密。阙顶部为瓦当状，脊正中雕刻一只展翅欲飞、口含组绶（古代玉佩上系玉用的丝带）的雄鹰。阙身置于石基之上，表面刻有柱子和额坊，柱上置有两层斗拱，支撑着檐壁。檐壁上刻着人物车马、飞禽走兽。

高颐阙经历一千七百多年的风雨剥蚀和地震危害仍巍然屹立，其造型雄伟，轮廓曲折变化，古朴浑厚，雕刻精湛，充分表现了汉代建筑的端庄秀美。

中国第一古刹——白马寺

白马寺位于洛阳市东十二公里，北依邙山，南近洛水，是佛教传入中国后由官府兴建的第一座寺院，被佛门弟子公认为"祖庭"和"释源"，号称"中国第一古刹"。创建于东汉永平十一年（公元68年），迄今已历一千九百余年的岁月。

据记载：东汉永平年间的一天夜里，汉明帝刘庄做了一个奇异的梦，梦见一位身高六丈，背项发光的神异金人从空中飞行而来。明帝不知此梦是吉是凶，第二天便询问众臣。一位叫傅毅的大臣叩首答道：梦见的金人是天竺圣人。于是永平七年（公元64年），汉明帝派遣蔡愔、秦景、王遵等十多人由洛阳出发，前往天竺国寻求佛法。这十多位西行求法者过天山、越葱岭，辗转来到今阿富汗一带的古大月氏国。在那里，他们巧遇印度高僧摄摩腾和竺法兰，遂同二位高僧以白马驮载佛经佛像于永平十年(公元67年)返回中土。第二年，汉明帝下令在洛阳城雍门(正西门)外，根据天竺佛寺式样，建造了中国第一座寺院。鉴于佛经佛像由白马驮载而来，遂名白马寺。

白马寺整个寺庙坐北朝南，为一长形院落，总面积约4万平方米。主要建筑有天王殿、大佛殿、大雄宝殿、接引殿、毗卢阁等，均列于南北向的中轴线上。整个寺庙布局规整，风格古朴。园内古树成荫，四时落英缤纷，增添了佛国净土的清净气氛。

白马寺山门采用牌坊式的一门三洞的石砌弧券门。"山门"是中国佛寺的正门，一般由三个门组成，象征佛教"空门"、"无相门"、"无作门"的"三解脱门"。由于中国古代许多寺院建在山村里，故又有"山门"之称。红色的门楣上嵌着"白马寺"的青石题刻，是东汉遗物，为白马寺最早的古迹。山门左右两侧各立一匹青石圆雕马，身高1.75米，长2.20米，作低头负重状。相传这两匹石雕马原在永庆公主（宋太祖赵匡胤之女）驸马、右马将军魏咸信的墓前，后由白马寺的住持德结和尚搬迁至此。

山门西侧有一座《重修西京白马寺记》石碑。这是宋太宗赵光义下令重修白马寺时，由苏易简撰写，淳化三年（公元992年）刻碑立于寺内的。碑文分五节，矩形书写，人称"断文碑"。山门东侧有一座高3.50米，宽1.15米的《洛京白马寺祖庭记》石碑，这是元世祖忽必烈两次下诏修建白马寺，由当时白马寺沙门文才和尚撰写的。文才和尚是我国元代著名华严大师，曾被忽必烈敕命为白马寺住持，号"释源宗主"。碑额为篆书，碑文楷书，记述了白马寺的创建和历史沿革，碑文字体潇洒工丽，丰神秀骨，堪称书法艺术优秀之作。

白马寺的第一殿——天王殿系元代建筑，明清两代均重修，为一座单檐歇山式建筑。殿基高0.9米，长20.5米，宽14.5米，是明朝由原山门殿改建而成的。整个建筑面阔五间，进深三间，四周绕以回廊。屋顶正脊有"风调雨顺"、后脊有"国泰民安"几个大字。殿内两侧泥塑四大天王像。中央佛龛内是明代塑造的弥勒笑像。

在佛教传说中，弥勒菩萨将继承释迦牟尼佛位，成为未来佛。

另一种民间传说是：五代时，浙江一带有位名叫契此的和尚，他经常用一

此图为白马寺。

根锡杖肩背布袋来往于热闹的街市，人们称他布袋和尚。这位和尚逢人乞讨，随地睡觉，形似疯癫。他在临死时，说了这样一个偈："弥勒真弥勒，分身千百亿。时时示时人，时人自不识。"于是人们就把他当做弥勒的化身。

天王殿后是大佛殿，长 22.6 米，宽 16.3 米，殿脊前部有"佛光普照"，后部有"法轮常转"各四个字。殿的中央供奉着三尊佛像：中为释迦牟尼，左为摩诃迦叶，右为阿难。这三尊佛像构成了"释迦灵山会说法像"。三佛旁边，还有手拿经卷的文殊和手持如意的普贤两个胁侍菩萨。释迦牟尼佛像背后是观音菩萨像。殿内还有一口引人注目的大钟，高 1.65 米，重 1500 公斤，上饰盘龙花纹，刻有"风调雨顺，国泰民安"等字，并附诗一首："钟声响彻梵王宫，下通地府震幽冥。西送金马天边去，急催东方玉兔升。"据说，此口钟与当时洛阳城内钟楼上的大钟遥相呼应，每天清晨，寺僧焚香诵经，撞钟报时，洛阳城内的钟声也跟着响起来。

"释迦灵山会说法像"取材于一个佛教禅宗典故。据说有一次释迦牟尼在灵山法会上面对众弟子，闭口不说一字，只是手拈鲜花，面带微笑。众人惘然，只有摩诃迦叶发出了会心的微笑。释迦牟尼见此，就说："我有正眼法藏，涅槃妙心，实相无相，微妙法门，不立文字，教外别传。"这样，摩诃迦叶就成了这"不立文字，教外别传"的禅宗传人，中国佛教禅宗也奉摩诃迦叶为西土第一祖师。

大佛殿之后，是一座悬山式建筑"大雄宝殿"。它长 22.8 米，宽 14.2 米，是寺院内最大的殿宇。殿内贴金雕花的大佛龛内塑的是三世佛：中为婆娑世界的释迦牟尼佛，左为东方净琉璃世界的药师佛，右为西方极乐世界的阿弥陀佛。三尊佛像前，站着执持法器的韦驮、韦力两位护法天将。两侧排列十八尊神态各异、眉目俊朗的罗汉塑像。这十八罗汉都是用漆、麻、丝、绸在泥胎上层层裱裹，然后揭出泥胎，制成塑像，这种"脱胎漆"工艺叫夹干漆工艺，在国内是独一无二的，乃寺中塑像之精品。背后殿壁上还整齐地刻镂着五千余尊微型佛像。

大雄宝殿后为一般寺院所罕见的接引殿，殿长 14 米，进深 10.7 米，为双层殿基，是寺内最小建筑。殿内供西方三圣，中为阿弥陀佛立像，左边为持净瓶的观世音菩萨，右边握牟尼宝珠的是大势至菩萨，均为清代泥塑。

毗卢阁是白马寺内最后一座佛殿，坐落于清凉台上，系一组庭院式建筑。清凉台原是明帝少时读书乘凉之处，后为摄摩腾、竺法兰译经之所，在寺中位置最高，长 43 米，宽 33 米，高 5 米。正面大殿毗卢殿为重檐歇山楼阁式建筑，长 15.8 米，宽 10.6 米，初建于唐，元、明、清历代都曾重修。阁内正中有一座砖台座，设一木龛，龛内供奉一尊毗卢佛像，左立文殊，右立普贤，这一佛两菩萨，在佛教中合称"华严三圣"。

寺院外东南约 200 米处，有一座十三层方形密檐式砖塔，塔边长 7.8 米，通高 35 米，玲珑挺拔，古雅秀丽，曰"齐云塔"。每层南边开一拱门，可以登临眺望。齐云塔本称释迦舍利塔、金方塔、白马寺塔。据白马寺现存碑刻和某些佛籍载，公元 69 年，汉明帝敕建佛塔，"茇若岳峙，号曰齐云"。此塔宋代遭毁，金大定十五年（公元 1175 年）重修，距今有八百年历史。齐云塔是洛阳现存最早的古建筑，也是中原为数不多的金代建筑遗存之一。

寺南还有两座夯筑高土台，台上立着一块"东汉释道焚经台"字样的通碑，这个焚经台记述了佛教徒与中国方士之间的一场角逐，以佛教取胜而告终，汉朝佛教由此兴盛。

寺院的东南角和西南角，各有一座丘冢，安息着摄摩腾、竺法兰两位高僧。

都江堰

都江堰是中国古代著名的一项水利工程，距今已有两千二百多年的历史。

都江堰位于都江堰城西岷江中上游。岷江发源于四川松潘县羊膊岭，上游汇集百川，奔腾而下，夹带大量沙石，流入平原，河床淤塞，灾害频繁。蜀郡守李冰为了变水害为水利，根据川西西北高、东南低的地理条件，带领劳动人民凿开玉垒山，在岷江江心筑堤分水，堤的前端是"分

都江堰水利工程在四川都江堰市城西，是全世界至今为止，年代最久、唯一留存、以无坝引水为特征的宏大水利工程。

水鱼嘴"，把岷江分为内外二江，外江是岷江正流，经都江堰、乐山至宜宾入长江，全长七百多公里。内江是人工渠道，经"宝瓶口"的节制，流入成都平原。为了不使更多的洪水及泥沙流入内江，在分水堤中段修建了"飞沙堰"，让洪水、泥沙自动泄归外江，有效地控制了内江的流量，这样便保证了灌溉，又避免了水患。

横跨内外两江有全长约 500 米的安澜桥。安澜桥，古名"珠浦桥"，明末被毁，后改用渡船，来往十分危险。相传清嘉庆年间，由私塾老师何先德夫妇倡议并募集资金，重建索桥，民间传为"夫妻桥"。桥建成以后，两岸行人可安渡狂澜，所以更名"安澜桥"。安澜索桥，是中国古代著名桥梁建筑之一。它就地取材，结构精巧，以木为桩，作为承托；以竹为缆，上铺木板；旁设翼栏，悬挂江心。

南北朝齐建武（公元 494 年）时修建了纪念李冰父子的庙宇——二王庙。二王庙原名"崇德庙"，含崇敬李冰恩德之意。宋代以后，因李冰父子相继被封建王朝敕封为王，故称"二王庙"。正殿正中放置有东汉建宁元年（公元 168 年）雕塑的"李冰石像"，像高 2.9 米，重约四吨半，李冰手持绢图，定睛凝思，仿佛治水方案已了然于胸，造型朴实，仪态雍容，是中国古代十分珍贵的一件石雕文物。后殿二郎像手持工具，英姿勃勃，仿佛他正要去劈山修堰。观内还陈列有唐代铁铸"飞龙鼎"，鼎重千余斤，八条飞龙，各具神态，云纹花卉，生动逼真，是不可多得的古代铸造珍品。庙内刊刻的治水经验和论述，是中国古代劳动人民征服自然的科学总结，对水利建设具有重要作用。清末绘的"都江堰灌溉区域图"，至今清晰，是灌区古貌的历史记录。赞颂李冰治水的匾额、楹联、诗赋，处处可见，如明代铸造的铁花瓶、铁蜡台，以及近代画家徐悲鸿、张大千、关山月绘制的天马、玉女、黄粱梦等碑刻。

三、魏晋南北朝建筑

魏晋南北朝是中国历史上一个动荡战乱的时期，政权分裂，战争频繁。公元220年，腐朽的东汉政权被三国鼎立的局面代替，国内暂时安定。司马氏篡魏自立，并于265年统一全国，史称西晋。西晋覆亡后，一批官僚、士族逃往江南建立了东晋王朝。处于西北部边境的几个少数民族领袖，率部进入中原，先后建立了十几个政权，史称十六国时期。到了公元420年，北魏才统一了中国北方，继而又分裂。在南方，先后出现了宋、齐、梁、陈四个朝代。这就是历史上的南北朝时期。

魏晋南北朝是中国古代城镇空间艺术的重要阶段，是其逐步定型发展阶段，也是一个承前启后的阶段，有着深远的影响。以魏邺城、北魏洛阳为代表的城镇，直接为隋唐的长安城和洛阳城的建设提供了蓝本，奠定了以后城镇空间艺术发展的基础。

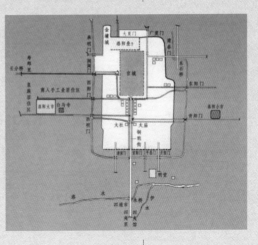

由于中原混乱，民族大量南迁，江淮流域及闽粤一带经济得到发展，结合当地优越的自然条件，城镇得到迅速发展，如：政治军事文化中心的建康城、大城镇杭州、广陵（扬州）、明州（宁波）等。这时城镇的特点是：权力中心结构、区划分明，布局严谨；城镇道路严整，主干轴丁字交于宫前，把中轴对称布局的手法从一般的建筑群扩及整个城镇空间，把构成轴线的建筑物集中成线型空间，形成景观序列，丰富了城镇空间景观艺术。

北魏洛阳是在汉魏洛阳的基础上修建的，它综合了古代都城建筑的有益经验，改变了"面朝背市"的束缚，也克服了汉长安、洛阳缺少规划的缺欠，形成城市建筑史上颇有影响的都城。洛阳城按不同的功用，明确划区，宫城

太和十八年北魏在西晋洛阳的遗址上建设新城。北魏洛阳城分为宫城、内城和外郭城三重。外郭城东西10公里，南北7.5公里。宫城位于内城以北，内城中建有坛庙、官署和寺院。外郭城中分布有220个居民和市场，外郭南门外还有供外国商人交易的四通市。北魏洛阳是个美丽繁华的大都市。

集中，突出了皇权思想，居住区划和商业区划则严格整齐。

这时的高台建筑虽已减少，但宫殿的设计仍继承前代的传统，常是飞阁相通，凌山跨谷，形成高低错落、复杂而灵巧的外观。北魏洛阳城开创了从小城镇群集组合方式发展成大城镇空间整体有机构架的雏形，是当时世界上规模最大的都城，它具体地提出并实践了由秦汉时期向隋唐鼎盛时期过渡的承前启后的封建城镇空间建设的方法和制度，影响了以后整个封建社会的都城空间建设。

东晋的都城建康则充分利用了自然地形，适应发展的需要和防御目的，并考虑了观赏游览的要求，利用河川湖泊，造成虎踞龙盘的形式。湖泊水面与寺庙多变的空间变化相辉映，使建康城具有园林化的特色。

魏晋南北朝时期，也是中国古代园林史上的一个重要转折时期。这一时期的著名画家谢赫在《古画品录》中提出的六法，即气韵生动、骨法用笔、应物象形、随类赋彩、经营位置、传移摹写，对我国园林艺术创作中的布局、构图、手法等，都有较大的影响。

从魏晋南北朝开始，园林艺术向自然山水园发展，由宫、殿、楼阁建筑为主，充以禽兽，其中的宫苑形式被扬弃，而古代范围中山水的处理手法被继承。

以山水为骨干是园林的基础，构山要重岩覆岭、深溪洞壑，崎岖山路，涧道盘纡，合乎山的自然形势，山上要有高林

魏晋南北朝期间战乱不断，为了防御兵灾，兴起了一种堡垒式的建筑，叫"坞堡"。坞堡四周是封闭式的，四角筑有碉楼。此外，院中还建有高楼，以利防御。

魏晋南北朝这些坞堡常由一些地方豪强控制，堡主在一定程度上成了小规模的地方割据势力的统领。

巨树、悬葛垂萝，使山林生色。叠石构山要有石洞，能潜行数百步，好似进入天然的石灰岩洞一般。同时又经构楼馆，列于上下，半山有亭，便于憩息；山顶有楼，远近皆见，跨水为阁，流水成景。这样的园林创作方能达到妙极自然的意境。

由于文人雅士厌烦战争，玄谈玩世，寄情山水，风雅自居，所以，他们纷纷建造私家园林，把自然式风景山水缩写于自己的私家园林中。如西晋石崇的"金谷园"，是当时著名的私家园林。石崇，晋武帝时任荆州刺史，他聚敛了大量财富广造宅园，晚年辞官后，退居洛阳城西北郊金谷涧畔之"河阳别业"，即金谷园。据他自著《金谷诗》记载："余有别庐在金谷涧中，或高或下。有清泉茂林，众果竹柏药草之属，田四十顷，羊二百口，鸡猪鹅鸭之类莫不毕备。又有水碓鱼池土窟，其为娱目欢心之物备矣。"金谷园地形既有起伏，又是临河而建，引来金谷涧的水，形成园中水系，河洞可行游船，人坐岸边又可垂钓，岸边杨柳依依，又有繁多的树木配置，飞禽鸡鸭等，真是优哉游哉。

北魏自武帝迁都洛阳后，大量的私家园林也随之经营起来。据《洛阳伽蓝记》记载："当时四海晏清，八荒率职……于是帝族王侯、外戚公主，擅山海之富、居川林之饶，争修园宅，互相竞争，崇门丰室、洞房连户、飞馆生风、重楼起雾。高台芸榭，家家而筑；花林曲池，园园而有，莫不桃李夏绿，竹柏冬青。""人其后园，见沟渎蹇产，石蹬礁峣。朱荷出池，绿萍浮水。飞梁跨阁，高树出云。"从以上记载中可以看出，当时洛阳造园之风极盛。在平面的布局中，宅居与园也有分工，"后园"是专供游憩的地方。"石蹬礁峣"说明有了叠假山。"朱荷出池，绿萍浮水"，桃李夏绿，竹柏冬青的绿化布置，不仅说明绿化的树木品种多，而且多讲究造园的意境。自然山水园的出现，为后来唐、宋、明、清时期的园林艺术打下了深厚的基础。

由于魏晋南北朝时期国家动荡不安，朝代更替频繁，社会秩序非常混乱。在这样的背景下，帝王的陵墓主要是设法防止盗掘。这种做法始于魏文帝曹丕。魏文帝以"古不墓祭"的理由毁掉了魏武帝曹操葬于高陵（今天的河北临漳）上的殿屋，所以民间一直有曹操设"七十二疑冢"的说法。其实，"古不墓祭"只是他的借口而已，他在为自己营建寿陵时，道出了真正的原因：鉴于"汉氏诸陵无不发掘"，因而决定"因山为体，无封无树，无立寝殿……故吾营此丘墟不食之地，使易代之后不知其处"。魏文帝这个决定，对时局动荡不定的魏晋南北朝，影响很大。不仅二百多年间，没有出现大型的陵墓，而且豪富家族的厚葬风气，也大有收敛。

从考古发掘来看，南朝陵墓具备下述特点：一、陵墓依山建筑，一般在山上开凿较规整的长坑为墓室，然后填土夯平再起坟丘。室外四周修建多条掰土墙，室前建甬道，内设两重石门，墓室底下还修建排水沟，以防潮湿。二、由于大批的南下人民将黄河流域先进的农业生产技术和生产工具带到南方，出现了规模较大、布局规整、较豪华的地宫。地宫一般都包括墓室、甬道、封门墙、墓道和排水沟五部分。三、陵寝建制无一定规律，而是注重风水，营建陵墓一般先由相墓者勘察兆域。四、陵前建置神道，神道两侧排列对称的石雕，寝殿施以石柱，由于佛教艺术的影响，石柱上多刻有莲花纹饰。南朝陵墓的石雕，在中国雕刻艺术史上占有光辉的一页，其造型设计和雕刻手法在汉代雕刻艺术传统的基础上由粗简向精湛发展，超脱出了汉代石雕古朴粗略的技法，艺术构思和雕刻技巧都进入一个更加成熟的发展阶段。

西晋灭亡之后，北方为十六国统治时期。这些少数民

南朝帝王陵现仅存一些陵前标志，图中是神道入口的神道柱。

这件石辟邪是南朝帝王陵的陵前标志，其形态生动，古朴昂扬，是珍贵的艺术品。

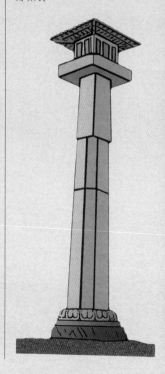

族有的正处于原始社会末期，有的刚刚进入奴隶社会，没有能力营建大规模的陵寝，多采用传统的"掩埋"办法，不起坟，也没有任何标记，因此这一时期的陵墓至今未被发现。

公元386年，鲜卑拓跋部统一北方，建立了北魏王朝。北魏迁都前，陵域在今山西大同方山一带，迁都洛阳后，陵域选择在洛阳泸河以西的北邙山。为了巩固其政权，北魏统治者吸收汉族文化，陵寝的建制也随之发生一些变化，表现出以下特点：一、逐渐恢复秦汉以来的陵寝规制，一般建有较高大的封土堆，陵前建筑祭殿，为上陵拜谒之所。二、陵园内增置佛寺、斋室，表明佛教的影响渗入到陵寝制中。三、迁都洛阳后，陵域布局规整，带有鲜卑族族葬的遗风。泸河以西是北魏诸帝陵域，泸河以东，为近支皇族墓葬区和嫔妃葬地，再往东排列是"九姓帝族"，"勋旧八姓"和内迁"余部诸姓"以及其他降臣墓地。这一布局与汉代帝陵陪葬制度有所区别。

早在东汉时，佛教已传入中国，魏晋南北朝时期，由于统治者的大力提倡，佛教的发展更是如破土春笋般迅速，佛教建筑被大量兴建，出现了许多寺、塔、石窟和精美的雕塑与壁画。据记载，北魏建有佛寺三万多所，仅洛阳就有一千三百六十七寺。南朝都城建康也建有佛寺五百多所。在不少地区还开凿石窟寺，雕造佛像。石窟寺是在山崖上开凿出的窟洞型佛寺。重要的石窟寺有大同云冈石窟、敦煌莫高窟、天水麦积山石窟、洛阳龙门石窟、太原天龙山石窟、峰峰南响堂山和北响堂山石窟等。这些石窟中，规模最大的佛像都由皇室或贵族、官僚出资修建，窟外还往往建有木建筑加以保护。石窟中所保存下来的历代雕刻与绘画是我国宝贵的古代艺术珍品，其壁画、雕刻、前廊和窟檐等表现的建筑形象，是我们研究南北朝时期建筑的重要资料。

北齐石柱又称义慈惠石柱，位于河北定兴县，建于北齐太宁二年。柱身上部嵌有长方形石块，上刻颂文。

佛教是由印度（天竺）经西域传入内地的，所以，初期佛寺的布局融进了许多印度、西亚的建筑形制与风格，而后佛寺进一步中国化，不仅中国的庭院式木架建筑使用于佛寺，而且私家园林也成为佛寺的一部分。建于北魏时期（公元516年）的永宁寺是历史上最著名的佛寺。寺院

天龙山石窟位于山西太原，开凿历经东魏、北齐和隋唐，图中是开凿于北齐的第十六窟，以石刻建筑外檐为窟檐装饰。

规制宏大，堪与宫廷建筑相比拟，采取塔为中心，四周由堂、阁围成方形庭院的布局。永宁寺塔是一座平面方形木结构阁楼式塔，由以郭安兴为首的工匠修建。据称塔高90丈，刹高10丈，共9层，距京城百里都可遥遥望见。塔有四面，每面三门六窗，朱漆扉扇，绣柱金铺。遗憾的是，该塔于北魏末年被焚毁。

这一时期还盛行"舍宅为寺"的功德活动。许多王侯贵族将宅第改建为佛寺，改建时一般不大改动原宅第，以原前厅为佛殿，后堂为讲堂，原有的廊庑环绕，有的还保留了原来的花园。此种风格布局成为以后汉化佛寺建筑的

主流。

佛塔是为埋藏舍利，供佛徒绕塔礼拜而作，具有圣墓性质。传到中国后，将其缩小成塔刹，和中国东汉已有的各层木构楼阁相结合，形成了中国式的木塔。除木塔外，此时还发现有石塔和砖塔。河南登封建于公元523年的嵩岳寺塔是中国现存最早的砖塔，也是唯一平面十二边形的塔。塔高39.5米，共十五层，形制雄健，而曲线形成的外轮廓又十分秀丽，是古代佛塔中的重要代表。

北齐石柱顶部为一个方形石盖板，盖板上置一座三开间庑殿顶小殿的石制模型，小殿屋顶硕大，出檐深。小殿当心间辟佛龛，内置一尊神态安详的坐佛。

总体来讲，在魏晋南北朝三百余年间，中国建筑发生了较大的变化，特别在进入南北朝以后变化更为迅速，建筑结构逐渐由以土墙和土墩台为主要承重部分的土木混合结构向全木结构发展；砖石结构有长足的进步，可建高数十米的塔；建筑风格由前代的古拙、强直、端庄、严肃、以直线为主的汉风，向流丽、豪放、遒劲活泼、多用曲线的唐风过渡。此时期建筑艺术及技术在原有的基础上进一步发展，楼阁式建筑相当普遍，平面多为方形。斗拱方面，额上施一斗三升拱，拱端有卷杀，柱头补间铺作人字拱，其中人字拱的形象也由起初的生硬平直发展到后来优美的曲脚人字拱。屋顶方面，正脊与鸱尾衔接成柔和的曲线，出檐深远，给人以庄重而柔丽的浑然一体之感。并以二方连续展示的花纹以卷草、缠枝等为基调，十分高雅、华美，为隋唐装饰风格奠定了基础。栏杆是直棂和勾片栏杆兼用；柱础覆盆高，莲瓣狭长。台基有砖铺散水和须弥座；门窗多用版门和直棂窗，天花常用人字坡，也有覆斗形天花。

图中展示的是中国传统建筑的五种主要屋顶形式。

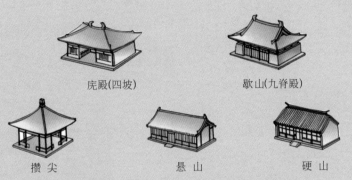

庑殿(四坡)　　　　歇山(九脊殿)

攒尖　　　　悬山　　　　硬山

在建筑材料方面，砖瓦的产量和质量有所提高，金属材料被用作装饰。在技术方面，大量木塔的建造，显示了木结构技术的提高；砖结构被大规模地应用到地面建筑，河南登封嵩岳寺塔的建造标志着石结构技术的巨大进步；石工的雕凿技术也达到了很高的水平。此时已出现少量的琉璃瓦，一般只用于个别重要的宫室屋顶作剪边处理，色彩以绿为主。在装饰方面，一般建筑物是"朱柱素壁"的朴素风格，而重要建筑物则画有彩绘并且常常画有壁画，"图象古昔，以当箴规"。

刘备惠陵

蜀先主昭烈皇帝刘备的惠陵位于四川成都市南郊，由夯土垒筑而成，呈圆形。砖砌成的垣墙环绕陵冢，周长180多米。陵前有乾隆年间刻制的穹碑，碑身镌刻"汉昭烈皇帝之陵"七个苍劲有力的大字。陵的前方建有寝殿。惠陵西侧原来建有"昭烈庙"和"武侯祠"。据记载，武侯祠始建于公元4世纪，唐代诗人李商隐游惠陵时，曾写下"武侯祠古柏"一诗。杜甫也留下了"丞相祠堂何处寻，锦宫城外柏森森"的诗句，可见当时惠陵周围古柏苍郁，气势宏伟。

汉昭烈陵

惠陵苍松环抱，庄典肃穆；武侯祠绿瓦飞檐，雕梁画栋，交相辉映，气象万千。

北魏文明太后永固陵

文明太后即历史上著名的冯太后。永固陵位于山西大同市西北镇川乡附近，东临采梁山，北依长城的方山南部。永固陵俗称"祁皇坟"，始建于太和年间，历时四年，是北魏帝后陵墓中规模最大的一个。

永固陵陵园建制基本沿袭东汉，底方上圆。地宫由墓道、前室、甬道、后室四部分组成。前室平面呈梯形，后室平面近方形，墓室南北总长17米多。连接前后室的甬道呈长方形，均用青砖砌成。冯太后棺椁放置在后室。为防盗掘，墓门由条砖封闭，还特意在墓道内堆积大量石块，在甬道内设置封门墙。整个地宫规模宏大，仅建筑墓室砖就达二十余万块。陵前建有石殿，称为"永固堂"，是朝祭典礼的场所，也是陵园的主体建筑。

永固陵以它高耸壮观的陵冢，独特的陵园塔基成为北

图中便是高耸壮观的北魏文明太后永固陵。

魏王朝陵园的典型代表。在中国古代建筑史上，有十分重要的研究价值。

永固陵在历史上先后三次被盗掘，金正隆年间，盗墓者从西北方打洞进入墓室，随葬品大部分被盗走。金大定年间，盗墓者再次进入墓室，前室的铺底砖全部被盗，随葬的大小石俑、石兽有的被盗走，有的被破坏。清光绪年间，永固陵第三次被盗，墓中残余物又大都被盗走，所剩无几。

宋武帝初宁陵

初宁陵是宋武帝刘裕的陵墓，位于今天的江苏南京市麒麟门外的麒麟铺。

初宁陵原有规模较大，内有寝殿和陵庙建筑，但是陵园建筑多毁于兵火，陵冢已经被夷为平地。现在仅存陵前神道两旁的天禄和麒麟石雕。天禄居东，已经残缺不全，目嗔口张，昂首宽胸，五爪抓地，双角已失，有须子和双翼，翼呈鳞羽和长翎状，卷曲如勾云纹，极富装饰意味。麒麟居西，四足已失，体态与天禄对称，仅头略向后仰，独角尖已残断，双翼的形状与天禄相似。两尊石雕造型凝重、古朴，与汉代石雕刻风格一脉相承。

初宁陵多次被盗掘，陵冢已经被夷为平地。地宫布局，史无记载，尚待发掘。

齐景帝修安陵

齐景帝修安陵，位于江苏丹阳县城东北，鹤仙坳山岗南麓。

修安陵依山为穴，陵前建有神道，神道两侧列置石兽一对，东为天禄，西为麒麟。天禄和麒麟是传说中的灵异瑞兽，陵前列置二兽，寓意皇帝受命于天，象征着至高无上的权威。

修安陵前的石兽与西汉霍去病墓前的石雕一样，是由整块巨石雕琢而成，但其风格不同丁西汉石雕的朴实与浑厚，而是注重形体美，刀法细腻，是名副其实的圆雕。从造型上看，尽管这些石兽是人们凭着想象力创造出来的，但是它作为一种兽类的形象是真实的。石兽整体和局部造型和谐，富有节奏感，似在旷野面对苍穹嘶吼、奔腾，是南朝时期石雕艺术的珍品。

南朝建康

建康位于秦淮河入江口地带，西临长江，北枕玄武湖，东依钟山，形势险要，向有"虎踞龙盘"之称。南朝都城建康最早为春秋末年越国灭吴后建的越城，历东晋、宋、齐、梁、陈三百余年，共有六朝建都于此。

建康城周围20里，有12座城门。宫城位于都城北侧，周围8里。官署多沿宫城前中间御街向南延伸；居民多集中于都城以南秦淮河两岸的广阔地区，大臣贵族多居于青溪、潮沟两岸。在宫城南面两侧又各建小城两座，东面是供宰相居住的东府城，西面是扬州刺史所在的西州城。濒临长江的石头城则是保卫建康的重要军垒。

整个建康城按地形布置，形成了不规则的布局，中间的御街砥直向南，可直望城南牛首山，其他道路都是"纡余委曲，若不可测"，可见地形对城市布局起着明显的作用。相比其他新建都城，建康城具有更为丰富的城市轮廓线，更贴近自然山水的人居环境，形成了得天独厚的城市特色。

此外，南朝佛教极盛，尤其是梁代，故建康城内有几百座佛寺，唐朝诗人杜牧有诗云："南朝四百八十寺，多少楼台烟雨中。"

建康还是当时中外经济文化交流的中心，城内有不少外国使者、商人及僧侣，为城市增添了几分活力。

北魏洛阳

北魏洛阳参照西晋洛阳都城宫室而建，一年后规模初具。七年后于京城四面筑居民里坊及外郭。

北魏洛阳的总体城市布局是，京城居于外郭的中轴线上，宫城位于京城偏北，官署、太庙和永宁寺木塔，都在宫城前御道两侧。城南还设有灵台、名堂和太学。市场集中在城东的洛阳小市和城西的洛阳大市两处，外国商人则集中在南郭门外四通市。

宫城吸收了东晋、南朝建康宫的特点，建有内外三重宫墙，最高政权机构尚书省、中书省、门下省在第二重墙内，第三重墙内分为朝、寝两区。朝区中以主殿太极殿和与之并列的东堂、西堂为中心，殿南有广庭，与宫城南面正门阊阖门和门外的铜驼街相对，形成全宫、全城的主轴线。太极殿与东堂、西堂间有横墙，墙上有门，门内即寝区。在中轴线上建有前后两组宫院。前一组为式乾殿和显阳殿，后一组为宣光殿和嘉福殿。四殿前后相重，左右各建一翼殿，都形成和太极殿及东西堂相似的三殿并列布局，并前有殿门，左右有廊庑，围成四个宫殿庭院。在显阳殿和宣光殿之间有一条横街，称为永巷，将寝区中轴线上的四所宫院分为两组。永巷东西经东西面宫墙上的三重门可通到宫外。在中轴线上四座宫院的两侧还有次要轴线，建有若干次要宫院。寝区的布局虽然和魏晋时基本相同，但在性质上已有改变。式乾、显阳两所宫院已不再像魏晋洛阳宫和东晋建康宫那样用为帝寝、后寝，皇帝常在这里进行公务活动，性质近于东堂、西堂。

据《洛阳伽蓝记》记载，北魏洛阳居民有十万九千余户，加上皇室、军队、佛寺等，人口当在六七十万以上。城郭之间采用里坊制，里坊的规模是一里300步见方，每里开4座门，每门有里正2人，吏4人，门士8人，管理里中住户，可见当时对居民控制是很严的。

芸林苑

古都洛阳是东汉、魏、西晋、北朝历代的首都。东汉末年，在洛阳已有皇家园林十余所之多，魏晋时期在汉旧有的基础上又加以扩建，在洛阳城内北偏东的芸林苑是魏明帝时加以扩建的。

据《魏春秋》记载："景初元年（公元 237 年）……帝愈增崇宫殿，雕饰楼阁，取白石英及紫石英五色大石子太行谷城之山，起景阳山于芸林之园。树松竹草木，捕禽兽以充其中。于是百役繁兴，帝躬自掘土，率群臣三公以下莫不居力。"扩建芸林苑时皇帝也亲自率百官参加，可见芸林苑是重要的一座皇家园林了。

又据《魏略》记载："青龙三年（公元 235 年）……于芸林苑中起陂池，楫棹越歌。又于列殿之北立八坊，诸才人以次序处其中……自贵人以下至尚保及给掖庭洒扫习技歌者各有数千。通引水过九龙殿前为玉片绮栏。蟾蜍含受，神龙吐水，使博士马均作司市东水转百戏。岁首建巨兽，鱼龙曼延，弄马倒骑备如汉西京之制……景初元年起土山于芸林苑西阪，使公卿群僚皆负土成山，树松竹杂木善草于其上，捕以禽兽置其中。"

芸林苑可以说是仿写自然，人工为主的一个皇家园林，园内的西北面以各色文石堆筑为土石山，东南面开凿水池，名为"天渊池"，引来谷水绕过主要殿堂前，形成园内完整的水系。沿水系有雕刻精致的小品，又有各种动物和树木花草，还有供演出活动的场所。从布局和使用内容来看，既继承了汉代苑囿的某些特点，又有了新的发展，并为以后的皇家园林所模仿。

云冈石窟

北魏和平元年（公元 460 年），文成帝下诏，以当时的佛教领袖"沙门统"昙曜为主管，在首都平城（今大同市）西的武周山上开凿洞窟，镌刻佛像。根据昙曜的建议，当时开凿了五个洞窟，共雕刻出释迦像五尊，象征着北魏太祖、太宗、世祖、高宗和高祖五位皇帝，体现了"皇帝即佛"的宗教主题。这五个石窟现在分别被命名为第十六、十七、十八、十九、二十窟，也称"昙曜五窟"。

此图为云冈石窟的外景。

　　文成帝去世后，献文帝和孝文帝继续在武周山麓凿洞塑像，形成了云冈石窟建造的第二个时期，也是最繁盛的时期。这时期开凿的石窟共分五组，即现在的第七、八双窟，第九、十双窟，第一、二双窟，第五、六双窟和第十一、十二、十三窟。此外，这期间还修建了云冈石窟中最大但中途停工的第三窟的基础工程，第十六、十七窟中未完成的部分以及第二十窟以西的个别小窟。

　　从孝文帝太和十八年（公元494年）迁都洛阳至农民起义军攻陷平城（公元526年）期间，云冈石窟的工程继续进行，但大都是一些小型窟龛。

　　位于山西大同的云冈石窟以完整而精妙的佛像造型于2001年12月被列入《世界文化遗产名录》。据世界遗产委员会评价："云冈石窟有窟龛252个，造像51000余尊，代表了公元5世纪至6世纪时中国杰出的佛教石窟艺术。其中的昙曜五窟，布局设计严谨统一，是中国佛教艺术第一个巅峰时期的经典杰作。"

　　云冈石窟依山而凿，东西绵亘约一公里，气势恢弘，内容丰富。最小的佛像2厘米，最大的高达17米，多为神态各异的宗教人物形象。石窟有形制多样的仿木构建筑物，有主题突出的佛传浮雕，有精雕细刻的装饰纹样，还有栩栩如生的乐舞雕刻，生动活泼，琳琅满目。窟中菩萨、力士、飞天形象生动活泼，塔柱上的雕刻精致细腻，上承秦汉现实主义艺术的精华，下开隋唐浪漫主义色彩之先河，与甘肃敦煌莫高窟、河南龙门石窟并称"中国三大石窟群"，也是世界闻名的石雕艺术宝库之一。

按照开凿的时间可分为早、中、晚三期，不同时期的石窟造像风格也各有特色。早期的"昙曜五窟"气势磅礴，具有浑厚、纯朴的西域情调。中期石窟则以精雕细琢，装饰华丽著称于世，显示出复杂多变、富丽堂皇的北魏时期艺术风格。晚期窟室规模虽小，但人物形象清瘦俊美，比例适中，是中国北方石窟艺术的榜样和"瘦骨清像"的源起。

云冈第五、六窟在云冈石窟群中部，为孝文帝迁都洛阳前约公元465—494年开凿的一组双窟。庙前有清顺治八年（公元1651年）建造的五间四层木楼阁，朱红柱栏，琉璃瓦顶，颇为壮观。第五窟开作椭圆形草庐形式，分前后室。后室北壁本尊为释迦牟尼坐像，高17米，为云冈最大的佛像，外部经唐代泥塑重装。窟内满雕佛龛造像。窟西侧刻有两佛对坐在菩提树下，顶部浮雕飞天，线条优美。第六窟平面近方形，中央是一个连接窟顶的二层方形塔柱，高约14米，塔柱上雕有四方佛，上面四角各有一座九层出檐

云冈石窟中一些以塔为中心的石窟，称为"塔心窟"。塔心窟是当时寺院以塔为崇拜对象，以塔为寺院中心的反映。北魏时盛行木塔，云冈石窟中的塔基本为石刻木结构塔。

小塔，驮于象背上。窟四壁满雕佛、菩萨、罗汉、飞天等造像。环绕塔柱四面和东南西三壁的中下部，刻有33幅描写释迦牟尼从诞生到成道的佛传故事浮雕，内容连贯，构图精巧。此窟规模宏伟，雕饰富丽，内容丰富，技法精炼，是云冈石窟中有代表性的一窟，也是中期造像艺术汇集的大检阅。

云冈第七、八窟位于云冈石窟的中部，为一组双窟，是云冈石窟第二期开凿较早的石窟。第七、八窟平面均为长方形，窟内布局上下分层，左右分段。第七窟后室北壁上层天幕龛的中央，雕一交脚弥勒菩萨像，坐于狮子座上，左右各一倚坐佛像，边为二胁侍菩萨。下龛为释迦、多宝二佛并坐像。壁与窟顶相接处雕一排伎乐人像，各执乐器演奏。东西两壁对称开凿，壁与顶部相接处雕一排千佛。下分四层，雕有八个不同的佛龛。南壁凿有一门一窗，左右两侧各雕四个佛龛。门窗间有六个供养人和伎乐天人像。明窗内雕菩萨和禅定比丘。内拱内雕力士、护法天王和飞天。顶部分格雕平棋，中为团莲，周雕飞天，把整个窟顶装饰得花团锦簇。第七、八窟与前期窟群比，在形制、内容、造像构成、题材等方面出现了诸多变化，从中折射出北魏社会变革的洪流。

昙曜五窟是由昙曜和尚主持开凿的第一期窟洞，也是云冈石窟最引人注目的部分之一。据《魏书·释老志》载："和平初，……昙曜白帝，于京城西武州塞，凿山石壁，开窟五所，镌建佛各一，高者七十尺，次六十尺，雕饰奇伟，冠于一世。"以道武、明元、太武、景穆、文成五帝为楷模，雕刻五尊大像。这五窟规模宏大，气魄雄伟。形制上共同特点是外壁满雕千佛，大体上都模拟椭圆形的草庐形式，无后室。造像主要是三世佛（过去、未来、现在），主佛形体高大，占窟内主要位置。第十六窟本尊释迦立像高 13.5 米，面相清秀，英俊潇洒。第十七窟正中为菩萨装的交脚弥勒坐像，高 15.6 米，窟小像大，咄咄逼人。第十八窟本尊为身披千佛袈裟的释迦立像，高 15.5 米，气势磅礴；东壁上层的众弟子造像造型奇特，技法娴熟。第十九窟本尊为释迦坐像，高 16.8 米，为云冈第二大造像。第二十窟为露天造像，正中为释迦坐像，高 13.75 米，为云冈石窟的代表作，面部半圆，深目高鼻，眼大唇薄，大耳垂肩，两肩齐挺，造型雄伟，气势浑厚。

云冈五华洞位于云冈石窟中部的第九至十三窟。这五窟因清代施泥彩绘而得名。第九、十窟为一组前后室结构的双窟，建于北魏孝文帝太和八年（公元

484年），太和十三年竣工，辽代曾在此兴建崇福寺。两窟平面近方形。前定南壁凿成八角列柱，东西壁上部雕出三间仿木构建筑的佛龛，余壁满雕佛像、飞天。后室窟门上雕有明窗，北壁主佛是释迦佛。第十窟主像是弥勒。后室门拱内外两面有精雕图案花纹，结构严谨，富于变化。第十至十三窟是一组，

此图为云冈第九窟内的建筑局部，我们能从中看到很多当时建筑的细部特征。比如，反映南北朝时期建筑屋顶的雕刻；受希腊罗马建筑影响的涡卷式样的柱头等。

具有前后窟的第十二窟为中心窟。第十一窟中立方塔柱，塔柱四面上下开龛造像，除南面上龛为弥勒外，均为释迦立像。第十二窟前正室和东西壁上部均雕出三间仿木构建筑屋形佛龛，前列两柱，洞开三门，窟顶雕有伎乐天，手持排箫、琵琶、横笛、束腰鼓等乐器，是研究音乐史的重要资料。第十三窟本尊是交脚弥勒菩萨，高约13米，右臂下雕一力士托扛，既产生了力学作用，又兼具装饰效果。南壁上层的七佛立像和东壁下层的供养天人，皆为窟中精品。五华洞雕饰绮丽，丰富多彩，是研究北魏历史、艺术、音乐、舞蹈、书法和建筑的珍贵资料。

云冈东部窟群，指云冈石窟东端第一至第四窟，均为塔洞。第一、二窟为同期开的一组，凿于孝文帝迁洛前，窟内中央雕造方形塔柱，四面开龛造像。第一窟主像是弥勒，

塔南面下层雕释迦多宝像，上层雕释迦像，浮雕五层小塔，是研究北魏建筑的形象资料。第二窟是释迦像，塔南面下层雕释迦多宝像，上层雕三世佛。两窟南壁窟门两侧都雕有维摩、文殊。第三窟为云冈石窟中规模最大的洞窟，前立壁高约25米，传为昙曜译经楼。窟分前后两室，前室上部左右各雕一塔，中雕方形窟室，主像为弥勒，壁面满雕千佛。后室南面两侧雕刻有面貌圆润、肌肉丰满、衣纹流畅的一佛二菩萨。坐像高约10米，二菩萨立像高6.2米。从风格和雕刻手法上看，很可能是初唐时的作品。第四窟风化水蚀严重，南壁窟门上方有北魏正光年间铭记，是云冈石窟现存最晚的铭记。

云冈西部窟群包括云冈石窟西部第二十一至四十五窟，以及一些未编号的小窟小龛，大多属于北魏太和十八年（公元494年）以后的作品。其特点是不成组的窟多，中小窟多，作为补刻的小龛多。造像多为瘦骨清相，衣纹下部褶皱重叠，神态文雅秀丽，藻井中飞天飘逸洒脱，具有浓厚的汉化风格，与"龙门期"雕刻十分接近。第三十九窟中心五层塔柱，塔身每面作五间，六柱，柱头上斗拱承托出檐，每层间阔高度皆小于下层，稳重隽秀，是研究早期造塔的重要资料。第四十窟整体布局巧妙地运用装饰艺术，使洞窟格式、构图既有规律，又有变化，提高了石窟艺术的格调。

纵观群佛，他们的形态神采各异，或居中正坐，或击鼓敲钟，或手捧短笛，或载歌载舞，或怀抱琵琶，形象地记录了印度及中亚佛教艺术向中国佛教艺术发展的历史轨迹，多种佛教艺术造像风格在云冈石窟实现了前所未有的融会贯通，由此而形成的"云冈模式"成为中国佛教艺术发展的转折点。敦煌莫高窟、龙门石窟中的北魏时期造像均不同程度地受到云冈石窟的影响。

云冈石窟也是石窟艺术"中国化"的开始。云冈中期石窟出现的中国宫殿建筑式样雕刻，以及在此基础上发展出的中国式佛像龛，在后世的石窟寺建造中得到广泛应用。云冈晚期石窟的窟室布局和装饰，更加突出地展现了浓郁的中国式建筑、装饰风格，反映出佛教艺术"中国化"的不断深入。

龙门石窟

龙门石窟位于河南洛阳城南伊河两岸的龙门山（又名伊阙），开凿于北魏孝文帝太和十八年间（公元494年），后经东魏、西魏、北齐、隋、唐和北宋数代营造，共有2100多个窟龛，10万尊造像，遗留下了大量的艺术珍品。

龙门石窟以古阳洞和宾阳洞为代表。古阳洞位于龙门西山南部，是龙门石窟中开凿最早的。它原为天然石灰岩洞，后被加工成椭圆形平面、穹隆顶的石窟。正壁雕一佛二菩萨二石狮，南北两壁各凿三层像

龛，龛楣、龛额的图饰设计奇制诡异，细致灵巧，并雕有飞天、佛传故事和礼佛图等。

宾阳洞位于龙门西山北部，是龙门石窟中继古阳洞后开凿的第二大窟，在北魏龙门石窟中最有代表性。宾阳洞是北魏宣武帝为父母孝文帝和文昭皇后祈求冥福而修建的，原计划开凿三座石窟，但耗时23年，动工802366人次仅完成了宾阳中洞。宾阳洞平面呈马蹄形，穹隆顶，尖拱形门，正面塑一佛二弟子二菩萨，南北二壁各为一佛二菩萨，洞门外两侧各有一力士，侧壁有佛传故事和著名的帝后礼佛图浮雕，用以宣扬佛法、赞颂佛家的累世善行和炫耀帝后的威仪。

除了古阳洞和宾阳洞二窟外，在北魏时期开凿的主要洞窟还有莲花洞、火烧洞、石窟寺、普泰洞和天统洞等。

龙门地区的石窟和佛龛展现了中国北魏晚期至唐代（公元493—907年）期间，最具规模和最为优秀的造型艺术。这些详实描述佛教中宗教题材的艺术作品，代表了中国石刻艺术的最高峰。

同时，因为佛教的进一步兴盛普及，在龙门石窟洞壁的浮雕上，出现了以多画面来表示一个完整佛教经传故事的艺术手法，具有很高的欣赏价值。

麦积山石窟

麦积山石窟与莫高窟、云冈石窟、龙门石窟并称为中国的"四大石窟"。麦积山石窟位于甘肃天水县东南的麦积山上，因其外观"如民间积麦之状"而得名。从北魏至清代，历代有凿窟，共保存了从公元4-19世纪约1500年间的泥塑、石雕7200多件，壁画1300多平方米。

按照时间，石窟的营造大致可分为三个阶段。十六国和南北朝时期是第一阶段，也是石窟开凿的高潮期；隋唐为第二阶段，但现在保存下来的作品已不多；宋代是第三阶段，是麦积山石窟兴建的又一个高峰，并具有较高的艺术水平和一定的地方色彩。

在十六国和南北朝阶段的开凿初期（约公元384－494年），窟龛多为平面方形、平顶或圆顶，内置三世佛、七佛或千佛。佛像多为方面大耳，头梳高髻，额广平正，眉高目长，硕口微闭，身披偏袒右肩袈裟。菩萨像多为长方面孔，鼻直口方，面含笑容，上身袒露，薄衣贴体。随着民族融合加剧，开窟造像的艺术手法也迅速汉化，且形式日趋多样。部分窟龛内出现十大弟子形象，并绘有佛教壁画。佛像的面相普遍变长，五官缩小，眉如新月，双目半睁，唇薄且翘，略带微笑，身披通肩袈裟，垂于座前。菩萨则面相清秀，满含笑容，身材细长，装束繁褥，衣带飘舞，风姿潇洒。此阶段后期，窟龛的规模和结构趋于宏大，多为崖阁式大窟。窟内造像以七佛为主，造像摆脱了以前秀骨清相的特点，代以敦厚壮实的风格。佛像面相丰满圆润、粗颈宽肩，腹部突出，头梳低平肉髻，衣饰为紧窄通肩大衣或下垂袈裟，周围有弟子、菩萨。

隋唐时期，麦积山的开窟造像活动依旧兴盛，但由于自然和人为的原因，仅有少量的壁画和雕塑，形象较为拘泥呆板。

至宋代，麦积山石窟的营建又迎来了一个高峰。宋代佛像面相略长而丰润，身姿挺拔有力，眉眼多上撩，别具神采。宋代窟龛中还出现了大量的罗汉、力士像，虽深沉、激奋，极尽夸张之能事，却自然合理，不失真实。各组塑像中，

图中为麦积山石窟。

尽管个体的身份、体量等都不尽相同，却通过手势、动作和神态等，有机地结合在一起。此外，这些窟龛中的一些塑像是就前朝塑像加塑而成的，在姿态手印都不改变的情况下，仍然保持了各部分的协调统一，呈现出宋代雕塑的独特风格，充分显示了宋代工匠对生活的深刻洞察力和高超的艺术水平。

南宋以后，麦积山石窟虽仍有零星兴建，但在艺术上已无新鲜之处了。

由于麦积山岩系红土与砂石构成的砾岩，只能开凿窟龛，不宜造像，所以，这里的塑像都是泥塑，泥塑又分圆塑、高浮雕、粘贴塑、壁塑四种。数以千计的与真人大小相仿的圆塑，从约16米的佛像到10厘米的小塑像，从神圣的佛到天王脚下"金角银蹄"的牛犊，都精巧细腻，栩栩如生。这些塑像把神人格化，极富生活情趣，令人感到亲切。

永宁寺木塔

根据文献记载，永宁寺位于北魏洛阳城内宫城正门阊阖门南一里御道西侧，东有太尉府，西对永康里，南界昭玄曹，北邻御史台。寺院整体为南北长方形，南北长301米，东西宽212米。

规模宏大的永宁寺木塔居于寺院正中，木塔高大巍峨，宏伟壮观，"去京师百里，已遥见之"，是当时体量最大的佛塔。据载，该塔有九层，架木为之。地基夯土约100平方米，在当时地下厚达6米。木塔高22米，内为夯土，周壁包砌青石，四面各设一条漫道。基座38.2平方米，共有5圈124个木柱柱槽或础石组成的柱网。第四圈木柱以内为土坯和木柱等混砌的方形塔心实体，每边长19.8米，残高3.7米，东、南、西三侧壁面各砌出五个弧形内凹的壁龛以供奉佛像的神龛。在塔心实体外侧即第四、五圈木柱之间，为环绕塔心的木塔初层殿堂。每面各有殿堂九间，除四角各一间为两面共用，实际共有三十二间。殿堂之间皆不设隔墙，形成环塔心回廊，以方便人们绕塔礼佛。第五圈柱间设置有前檐墙和门、窗，每面各开三门六窗。

塔刹上有宝瓶，可容二十五石。宝瓶下有承露金盘三十重，周匝皆悬金铎。刹上引向塔顶四角有铁锁链，链上与九层浮屠四角也都悬有金铎，上下共一百二十铎。每至高风永夜，宝铎和鸣，铿锵之声，闻及十余里。

关于塔

"塔"是梵文"Stupa"的音译的简称，意为"高显处"或"高坟"，原是印度的一种纪念性坟墓的通称。它的造型简单一致：覆钵形，上立长柱形标志"刹"。塔与佛教联系密切。佛塔是供奉或收藏佛舍利（佛骨）、佛像、佛经、僧人遗体等的高耸型点式建筑，又称"佛刹"、"宝塔"。塔在中国古代建筑中数量极多，形式最为多样。随着佛教的中国化，塔也日益本土化，塔的各个部分也逐渐规格化，一般由地宫、塔基、塔身、塔顶和塔刹组成。

嵩岳寺塔

嵩岳寺塔是中国现存最早的砖塔，该塔位于河南登封县城西北约六公里，太室山南麓的嵩岳寺内，建于北魏孝明帝正光元年（公元 520 年），距今已有一千四百多年的历史。

图中的嵩岳寺塔是我国现存最古老的地面建筑。

嵩岳寺塔上下浑砖砌就，层叠布以密檐，外涂白灰，内为楼阁式，外为密檐式，是我国现存最古老的多角形密檐式砖塔。总高 41 米左右，周长 33.72 米，塔身呈平面等边十二角形，中央塔室为正八角形，塔室宽 7.6 米，底层砖砌，塔壁厚 2.45 米，塔室于底层开东、西、南、北四门。这样的十二边形塔在中国现存的数百座砖塔中，是绝无仅有的。同时，这种密檐形式在南北朝期间也是少见的，为我国密檐式砖塔之始创。

该塔不仅以其独特的平面形制而闻名，而且还以其优美的体形轮廓而著称于世。从结构上看，它由基台、塔身、密檐和塔刹四部分组成，基台高0.85米，出塔身1.60米，平面亦为十二角形，正面有方形月台，后边有角道，均与基台等高，前后对应，布局协调。基台之上，塔身的高度占全塔总高的三分之一。塔身中部以腰檐区分上下两段。下段塔身除拱道外，没有任何装饰，上段则仿木构而建。塔身之上，是层次密集的十五层塔檐。各檐叠砖的数目自下而上逐渐递减，致使十五层密檐层层向上紧缩，形成既刚劲有力又轻快秀丽的抛物线形轮廓。密檐之上是由七十层青砖雕砌而成的塔刹，高3.5米，自上而下，由宝珠、七重相轮、仰莲状受花、宝装莲花式覆钵和刹座组成，极为壮观。整个塔室上下贯通，呈圆筒状。塔室内置佛台佛像，供和尚和香客绕塔做佛事之用。

该塔刚劲雄伟，却是用砖和黄泥粘砌而成，砖塔小而且薄，轻快秀丽，历经千余年风霜雨露侵蚀而依然坚固不坏，至今保存完好，充分表明了我国古代建筑工艺之高妙精巧。

悬空寺

悬空寺位于恒山脚下，在浑源悬城城南五公里处的金龙峡内西岩峭壁上。创建于北魏后期（大约为公元471—523年），至今已经历了一千四百多个年头。现存建筑是明、清两代修建后的遗物。悬空寺背西面东，像是悬在一幅巨大屏风中腰的一尊精巧、别致的玉雕。

悬空寺寺内有楼阁殿宇四十间。南北各有一座三檐歇山顶，危楼耸起，对峙而立，从低向高，三层叠起。六座殿阁，相互交叉，飞起栈道相连，高低相错，用木制楼梯相沟通，曲折迂回，参差有致，高下错落，虚实相交，构思布局妙不可言。

悬空寺内塑像颇多，有各种铜铸、铁铸、泥塑、石雕像八十尊。三圣殿内的释迦、韦驮、天女等塑像，形体丰满，神态感人，是悬空寺内彩塑中的佼佼者。更为特殊的是地处悬空寺最高层的三教殿内，释迦牟尼、老子、孔子的塑像共居一室，像这种佛教、道教、儒教始祖同居一室，确不多见。

　　悬空寺整体错综而不零乱，交叉而不失严谨，似虚而实，似危实安，实中生巧，危里见俏，具有一种其他寺庙所没有的独特魅力。

　　悬空寺距地面高约50米，其建筑特色可以概括为"奇、悬、巧"三个字。唐开元二十三年（735年），李白游览悬空寺后，在石崖上书写了"壮观"二字，明代大旅行家徐霞客称悬空寺为"天下巨观"。

四、隋唐建筑

隋唐（公元581－907年）时期，隋唐国内民族大统一，又与西域交往频繁，更促进了多民族间的文化艺术交流，秦汉以来传统的理性精神中糅入了佛教的和西域的异国风味，以及南北朝以来的浪漫情调，形成了理性与浪漫相交织的盛唐风格，把中国古代建筑推到了成熟阶段，并远播影响于朝鲜、日本。其特点是：都城气派宏伟，方整规则；宫殿、坛庙等大组群序列恢弘舒展，空间尺度很大；建筑造型浑厚，轮廓参差，装饰华丽；佛寺、佛塔、石窟寺的规模、形式、色调异常丰富多彩，表现出中外文化密切交汇的新鲜风格。

隋唐时期，日本派留学生来中国学习文化艺术，其建筑自然受中国影响，因此，同时期的日本奈良时代遗留下来的木建筑，都表现出隋唐建筑的风格。这座奈良室生寺的五重塔就是其代表。

隋朝虽然是一个不足四十年的短命王朝，但在建筑上颇有作为：它修建了都城大兴城，营造了东都洛阳，经营了长江下游的江都（扬州）；开凿了南起余杭（杭州），北达涿郡（北京），东始江都，西抵长安（西安），长约2500公里的大运河；还动用百万人力，修筑万里长城。炀帝大业年间，名匠李春修建了世界上最早的敞肩券大石桥——安济桥。

唐代建筑规模宏大，规划严整，中国建筑群的整体规划在这一时期日趋成熟。首都长安与东都洛阳规模巨

九顶塔建于唐天宝年间，位于山东历城。该塔形制奇特，全塔分上下两部分，形成"九顶"的奇观。

大，且建筑布局也更加规范合理。长安是当时世界上最宏大的城市，南北8651.7米，东西9721米，城内除了宫城与皇城外，还有108座由坊墙围绕的里坊与东西市，其规划也是中国古代都城中最为严整的，它甚至影响到渤海国东京城，日本平成京（今奈良市）和后来的平安京（今京都市）。

隋唐时代宫殿的规模很大。如隋代洛阳宫殿中的正殿乾阳殿，殿身的高度有170尺。唐长安城内有三座宫城，一座是西内太极宫，一座是东内大明宫，另外一座是南内兴庆宫。即使是规模最小的兴庆宫，也比明清北京紫禁城大许多。东内大明宫极为雄伟，其遗址范围相当于紫禁城总面积的三倍多。大明宫的正殿含元殿，建造在龙首原上，通过一个龙尾道到达殿前，两侧有翔鸾与栖凤两座阙楼，形成一个巨大而高耸的"凹"字形平面。含元殿前的门殿丹凤门，距离含元殿六百米，空间气势十分宏伟。武则天时期，她不顾儒臣反对，在洛阳宫拆除正殿建立明堂。明堂方88米，高86米，是唐代所建体量

图中表现出唐代城门的布局和构造：城墙为夯土墙，以成排的木梁柱支撑城门洞口。

最大的建筑物，也是继汉武帝后兴建的唯一明堂。

唐代还专门订立了建筑法规——《营缮令》，规定哪一等级的官吏可以建什么规模的房屋，使用什么样的装饰，在居宅上表现出尊卑贵贱的关系。隋唐大规模建设也促进其建筑的标准化、模数化。洛阳遗址表明，隋代在规划时已以四坊为一组，每坊方一里，极有规律。隋唐各城市之周长也表明，各类城市的规模按坊数分级。隋洛阳宫、唐大明宫以及唐乾陵遗址都表明，在规划时按 50 丈的方格为控制网。大明宫、洛阳宫、渤海国上京宫殿，都把主殿建在全地盘的几何中心。

唐代在都城和地方城镇兴建了大量寺塔、道观，并继承前代续凿石窟佛寺，著名的有五台山佛光寺大殿、南禅寺佛殿、西安慈恩寺大雁塔、荐福寺小雁塔、兴教寺玄奘塔、

这张敦煌壁画表现的是一座以佛殿为主、中轴对称布局的大型寺院。壁画中佛像庄严、殿宇恢宏，描绘了信徒心中的极乐世界。

大理千寻塔，以及敦煌石窟等。我国现存最早的木结构建筑五台山南禅寺和佛光寺屋顶坡度平缓，出檐深远，斗拱比例较大，柱子较粗壮，多用板门和直棂窗，风格庄重朴实。

隋唐时期，皇家园林趋于华丽精致。隋代的西苑和唐代的禁苑都是山水构架巧妙、建筑结构精美、各类动植物繁多的皇家园林。北宋时期的李格非在《洛阳名园记》中

大雁塔

提到，唐贞观开元年间，公卿贵戚在东都洛阳建造的邸园，总数就有一千多处，足见当时园林发展的盛况。

另外，唐朝文人画家以风雅高洁自居，多自建园林，并将诗情画意融贯于园林之中，使我国的园林从仿写自然美，到掌握自然美，形成写意山水园阶段。如盛唐时期著名诗人和画家王维（公元700—760年）知音律，善绘画，爱佛理，他晚年在陕西蓝田县南终南山下作辋川别业。据《唐书》载："维别墅在辋川，地奇胜，有华子冈、欹湖、竹里馆，茱萸汴，辛夷坞。"《山中与裴迪书》中有："北垞玄霸，清月映郭。夜登华子冈，辋水沦涟，与月上下，寒山远水，明灭林外。深苍寒犬，吠声如豹。……步仄径，临清流也。当待春中，草木蔓发，春山可望。轻鲦出水，白鸥骄翼。"华子冈有："飞鸟去不穷，连山复秋色。上下华子冈，惆怅情何极。"等诗句，说明园林建筑建在山岭起伏，树木葱郁的冈峦环抱中的辋川山谷，隐露相合。虽然辋川别业今已不复存，但从题名和诗情来看，辋川别业是有湖水之胜的天然山地园，充分利用自然条件，精心布置，构成湖光山色与园林相结合的园林胜景，再加上诗人的着力描绘，使得辋川别业处处引人入胜，流连忘返，犹如一幅长长的山水画卷，淡雅超逸。

一代诗人白居易也像王维一样，营建了庐山草堂。堂前有平地广十丈，中为平台，台前有方池，广二十丈，环池多山竹野卉，池中种植有白莲，亦养殖白鱼。由台往南，可抵石门涧，夹涧有古松老林，林下多灌丛萝。草堂北五丈，依原来的层崖，堆叠山石嵌空，上有杂木异草，四时一色。草堂东有瀑布，草堂西依北崖用剖竹架空，引崖上泉水，自檐下注，犹如飞泉。阴暗、显晦、晨昏，草堂千变万化各有异景，犹如多变的水墨画。

在陵墓建设方面，隋唐的帝王陵墓多倚山而建，气势更加雄壮异常。唐代包括武则天在内共二十一帝，除武氏与高宗合葬，末代的两位皇帝葬在河南、山东外，其余都在陕西渭水北岸，号称"关中十八陵"。宏伟孤耸的陵园主峰，广阔浩大的陵园区域，庞大的皇亲勋臣陪葬墓，威武雄壮的神道石刻，使唐代皇陵和大唐盛世一样，在中国皇陵史上占有重要的地位，掀起了继秦汉以后的第二次高潮。唐陵最突出的特点是"因山为陵"，就是利用自然孤山穿石成坟，气势恢弘辽阔，有很强的纪念性。

唐陵还有一个特点，就是以整个陵区模仿都城，渗透

知识链接

唐代帝陵知多少

唐代主要的帝王陵墓有：高祖李渊的献陵，太宗李世民的昭陵，高宗李治的乾陵，中宗李显的定陵，睿宗李旦的桥陵，玄宗李隆基的泰陵，肃宗李亨的建陵，代宗李豫的元陵，德宗李适的崇陵，顺宗李诵的丰陵，宪宗李纯的景陵，穆宗李恒的光陵，敬宗李湛的庄陵，文宗李昂的章陵，武宗李炎的端陵，宣宗李忱的贞陵，懿宗李漼的简陵，僖宗李儇的靖陵。

图为唐代城门门楼的形象：斗拱连续出跳，跳头上不用横拱，补间用人字拱和蜀柱。

着严格的礼制逻辑，陵区内有很多殿宇楼阁组成的地面建筑，以突出皇权的尊严。在陵丘四周建方形围墙，称为内城，四面正中为门，设门楼，四角设角楼；南门朱雀门内建献殿，举行大祭典礼；朱雀门外是长达三四公里的神道，最南端以一对土阙开始，阙后为门，由此向北离朱雀门约数百米至一公里是第二对土阙及第二道门，再由此门通向朱雀门前的第三对土阙。在第一、二重门之间的广大范围分布众多的功臣陪葬，皇亲从葬墓，太宗昭陵的陪葬墓最多，达167座。陵区范围十分宏大，如昭陵和宣宗贞陵的周围达60公里，超过了长安郭城。乾陵周围40公里，相当于长安城的大小。

唐陵的陵墓石刻丰富多彩、威武雄壮、富有时代感。在神道两侧列石刻，以乾陵为例，由第二道门向北，自南而北列华表一对、翼马一对、浮雕鸵鸟一对、石马各附牵马人五对、石人十对。此外，乾陵在石人和第三道阙之间还有无字碑、述圣记碑各一通，在第三道阙和阙北朱雀门前石狮之间左右共列六十一王宾石像。内城东、西、北三门与南门一样，门外也有石狮一对、土阙一对。北门土阙外又加立马三对，号为"六龙"，表明是帝宫的内厩。这些石刻无疑丰富了陵区内容，扩大了陵区控制空间，衬托出陵丘的高大，对于渲染尊严和崇高的气氛起了很大作用。

在建筑技术方面，隋唐也取得很大进展，木构架已经相当正确地运用了材料性能，出现了以"材"为木构架设

计的标准，从而使构件
的比例形式逐步趋向定
型化，并出现了专门负
责设计和组织施工的专
业建筑师——梓人（都
料匠）。唐代的木建筑
实现了艺术加工与结构
造型的统一，包括斗
拱、柱子、房梁等在内
的建筑构件均体现了力
与美的完美结合。唐代
盛行直棂窗，窗棂上的
纹样有龟锦纹及花纹繁
密的球纹等。

四门塔建于隋大业
七年，位于山东历城青
龙山，为我国现存最早
单层石塔。

　　隋唐时代的砖石结构技术也达到了很高的水平。唐代
的佛塔大多采用砖石建造，高达 50 多米的西安大雁塔、小
雁塔和大理千寻塔在内的唐塔均为砖石塔。而隋代由工匠
李春建造的赵州安济桥，是完全用石材建造的，总跨度有
37 米多的大型石拱桥，这座曲线优美、带中心拱券及两侧

天台庵位于山西平
顺县，其面阔、进深皆
三间，长宽各 7 米多。
大殿具有显著的唐代建
筑特点，出檐深远。

图为天台庵正殿室内颇具特色的梁架。

敞肩券的石拱桥，造型十分典雅。

唐代的瓦有灰瓦、黑瓦和琉璃瓦三种。灰瓦较为疏松，用于一般建筑。黑瓦质地紧密，经过打磨，表面光滑，多使用于宫殿和寺庙上。唐代琉璃的烧制更加进步，如大明宫多使用绿色和蓝色琉璃瓦，并有绿色琉璃砖。还有用木做瓦、外涂油漆和"镂铜为瓦"的。在使用花纹方面，除莲瓣以外，窄长花边上常用卷草构成带状花纹，或在卷草纹内杂以人物。这些花纹不但构图饱满，线条也流畅挺秀，还常用半团窠及整个团窠相间排列，以及回纹、连珠纹、流苏纹、火焰纹及飞仙等富丽丰满的装饰图案。

唐代建筑的屋顶坡度较缓，屋顶曲线恰到好处，常用叠瓦脊和鸱尾，歇山顶的房屋收山很深，并配有精美的悬鱼；较重要的建筑都用线条鲜明的筒瓦，在屋脊上还常用不同颜色的瓦件"剪边",更加突出了屋顶的轮廓。以上这些,再加上雄健的斗拱、深远的出檐,素雅的外墙粉饰和带"侧脚"、"生起"的立柱,使大唐建筑高贵富丽。

在色彩使用上,唐朝时期的建筑,一律采用朱红与白色的组合,产生了鲜艳悦目、简洁明快的色彩美。黄色是皇室特用的色彩,皇宫寺院用黄、红色调,红、青、蓝等为王府官宦之色,民舍只能用黑、灰、白等色。

由于隋唐对外交往广泛,西境一度到达帕米尔以西的中亚一带,商业活动远及阿富汗、波斯、大食,并间接与东罗马来往。外来的装饰图案、雕刻手法、色彩组合诸方面大大丰富了中国建筑。很多外来装饰纹样,经过中国手法表现,已经中国化,如当时盛行的卷草纹、连珠纹、八瓣宝相花等。

总之,隋唐建筑充分吸收这些外来影响,再加上中国传统建筑自身的特色,表现出一个强大、向上、有生命力的建筑体系。

典雅雍容的龙门石窟奉先寺卢舍那大佛,是盛唐时期雕刻艺术的代表。这一时期的雕刻吸收了西方雕刻艺术的精华而有了巨大的进步,人物造型更加符合解剖学原理。

隋文帝泰陵和隋炀帝陵

隋朝是一个短命的王朝，仅仅有二世，前后不到四十年，文帝和炀帝又都死于非命，所以在陵寝制度上，隋朝虽然恢复了秦汉封土为陵的规则，但是在营建规模上还远远不如秦汉陵寝那样高大宏伟。

隋文帝杨坚是华阴(今天的陕西)人。他建立了隋朝，年号是开皇。此后，他用九年时间统一了中国，结束了持续三百多年南北分裂的局面。隋文帝在位一共二十多年，他推行均田制，创立了科举制度，建立了一套比较完善的中央集权制度，为以后唐代的政治和经济的发展奠定了基础，历史上称为"开皇之治"。他死后与皇后同坟异穴，合葬泰陵。

隋文帝的泰陵，大约在陕西扶风县城附近。陵冢往南是一座清代石碑，大约高三米，碑上刻着"隋文帝泰陵"五个清晰的大字，是乾隆年间的陕西巡抚毕沅所书。泰陵的陵南和陵东两块高地上，有当年隋文帝庙的遗迹。原祀庙的垣墙建筑早已毁掉，现在只剩残砖碎瓦，但是我们仍然可以设想出当初祀庙的规模是多么宏大。在这些残砖碎瓦中，比较多的是莲花状的方砖，方砖中央是浮雕的莲花图案，角边饰以蔓草，四周刻着连珠纹，非常美观大方。尤其珍贵的是，这里还发现了一枚残破的、以菩萨形象为纹饰的瓦当。它的正面用弦纹和连珠纹组成一个心形，中心端坐着一尊双手合十、结迦趺坐的菩萨。这种直接以菩萨为纹饰的瓦当在国内是非常罕见的。

隋文帝的泰陵，在中国陵寝史上具有承前启后的地位，为以后唐宋陵寝的发展奠定了基础。

隋炀帝杨广，是杨坚之子。他十三岁就被封为晋王，拜柱国。后来他弑父即位。即位之后他贪图奢靡，开了通济渠，便于自己坐龙舟游玩。他三下扬州，整天杯不离手，纸醉金迷。他的住所甚至用金玉装饰，金碧辉煌。后来宇文化及攻入江都宫，隋炀帝自缢而死。

隋炀帝陵在江苏扬州北雷塘村。雷塘，又称为"雷坡"，相传吴王曾经在这里建造钓鱼台。南朝的时候，这里园林山水，亭台楼榭，是江南胜迹。宋代以后，这里只剩下炀帝孤冢一座。清代的时候曾经重修了炀帝陵。陵墓的前面有阮元所立的碑石，上面清晰地写着"隋炀帝陵"四个大字。隋炀帝在歌舞和美酒中把江山断送了，引起后代文人的感慨赋诗：

> 帝业兴亡世几重，风流尤自说遗踪。
>
> 但求死看扬州月，不原生归架六龙。

唐太宗昭陵

唐太宗李世民是李渊的次子，被封为秦王，他为建立统一强大的唐王朝跃马征战，屡建战功。后来他发动"玄武门之变"，用武力逼迫高祖退位，自己当上了皇帝。李世民是一个比较有作为的帝王，在他当政期间，出现了历史上有名的"贞观之治"，为盛唐经济、文化的高度发展奠定了基础。

李世民生前选定陕西礼泉县的一座海拔1180米的山峰作为自己的陵墓。他想借自然山势，体现大唐君主豪雄非凡的精神气宇。此山"孤耸回绝"有"龙盘凤翁之势"，经著名画家阎立德、阎立本兄弟精心设计，使陵墓与山合一。他极力宣扬薄葬，目的是为了使"奸盗息心"，免得像汉朝诸陵一样被偷盗得尸骨无存。但事实上，昭陵的建

"昭陵六骏"之拳毛䯄，公元622年，李世民在河北地区与刘黑闼激战，马连中9箭而死。自这场战争后，唐朝一统中国的大业宣告完成。

制非常奢华，整个陵园方圆几十公里，气势壮观雄伟，是以往的帝王陵园所无法比拟的。墓室内部也非常华丽，传说举世闻名的大书法家王羲之手书《兰亭序》真迹就在其中。

昭陵的玄武门外有一个梯形的祭坛，祭坛陈列着十四个少数民族酋长的石像。唐太宗生前平定突厥，与吐蕃和亲，为中华民族的发展做出了贡献，深得各族人民的拥护。太宗死时，突厥阿史那社尔请求殉葬，于是高宗派人打制了这十四个少数民族酋长的石像，立在昭陵前。可惜它们在清代乾隆以后大多被毁了。

祭坛的东西庑殿中陈列着世界闻名的浮雕石刻六骏。昭陵六骏，是李世民当年统一全国，南征北战所骑的六匹战马：特勒骠、青骓、什伐赤、飒露紫、拳毛䯄和白蹄乌。其中，飒露紫是唯一旁边伴有人像的。传说，李世民在一次作战中与随从失散了，敌方的骑兵一箭射中了飒露紫，丘行恭拼死护驾。李世民后来为了表彰他的功绩，就把这段情形刻在了石屏上。中箭后的飒露紫垂首侍立，丘行恭果断拔箭，这种救护之情，实在是人马难分，情感真挚。唐太宗特命阎立本为六匹战马绘写图形，钦选名匠将他们雕刻成六块浮雕。在每块浮雕的右上角，还由当时著名书法家欧阳询书写上唐太宗自撰的赞词。唐太宗以此既是纪念"六骏"，也是彰扬自己统一天下的赫赫战功。

陵园内昭陵居高临下，一百六十多座功臣贵戚的陪葬墓分布在两侧，其中有魏征、房玄龄、温彦博、李靖、尉迟恭等人的坟墓。

🏛 乾 陵

乾陵是唐高宗皇帝李治（公元628—683年）与中国历史上唯一的女皇帝武则天（公元624—705年）的合葬之地，是全国乃至世界上唯一的一座夫妇皇帝合葬陵，也是唐代帝王在陕西关中地区"十八陵"中保存得比较完整的一座，非常具有代表性。

陵地距西安八十公里，坐落于梁山之上。乾陵以山为陵，气势雄伟，规模宏大，曾有诗句这样描写乾陵"千山头角口，万木爪牙深"。乾陵坐拥三峰，风景秀丽，远望宛如一位女性仰卧大地而有"睡美人"之称。主峰海拔

气势宏伟的乾陵体现了唐王朝的大国气象，其堪称建筑结合自然环境营造空间氛围的经典之作。

1047.9米，如抬首高昂，东西对峙之南峰似其乳，俗谓之奶头山。

乾陵墓道在陵墓的正南方，全部用石条填砌，层叠于墓道口到墓门。石条是交错砌压的，石条之间平面用铁栓板固定，又浇上铁汁。因此，乾陵是唐代十八座帝王陵墓中唯一没被盗掘过的。

陵园周围约四十公里，园内建筑仿唐长安城格局营建，宫城、皇城、外郭城井然有序。初建时，宫殿祠堂、楼阙亭观，遍布山陵，建筑恢宏，富丽壮观。陵园内现存有华表、翼马、鸵鸟、无字牌、述圣记碑、石狮、六十一蕃臣像等大型石雕刻一百二十多件，整齐有序地排列于朱雀门至奶头山遥遥两华里之余的司马道两侧，气势宏伟，雄浑庄严，被誉为"盛唐石刻艺术的露天展览馆"。

"无字碑"是武则天为自己而立的。有人

图为永泰公主墓的剖面。

说，这是她表示自己"功高盖天"，难以用文字表示。也有人说，武则天遗言，己之功过，由后人评说，因而一字不刻。武则天坚信自己的力量所在，相信自己所做的一切比起那石刻的文字更坚实永恒，所以无需在碑上为自己刻写什么，这充分反映了武则天的真性情。

武则天进宫后，宫中有一匹暴烈的马，叫狮子骢，没有人能够制服它。武则天说，我能制服它，但要有三件器物：一铁鞭、二铁锤、三匕首。用铁鞭抽打它，不服，用铁锤打它的头，再不服，用匕首割断它的喉咙。她执政后，就

乾陵旁有17座陪葬墓，永泰公主墓是其中之一。图中为永泰公主墓的前室，其上的壁画充分体现了唐王室的雍容。

是用制马的办法，驾驭群臣，形成了强有力的统治，保证了国家的巩固与统一。

据历史文献记载，乾陵玄宫内涵十分丰富，随葬着大量的金银器、珠宝玉器、铜铁器、琉璃、陶瓷、丝绸织物、漆木器、石刻、食品、壁画及书画墨宝等稀世珍品。

唐玄宗泰陵

唐玄宗李隆基是睿宗的第三个儿子，因为在"韦后之乱"中拥睿宗复位有功，被封为太子。后来逼迫睿宗禅位，登上了皇帝的宝座。他为了加强皇权，先发制人，杀死太平公主，结束了武则天以来的一连串宫廷政变。在他统治期间出现了"开元盛世"。后期朝政日趋腐败，终于酿成了"安史之乱"。公元762年，玄宗死于长安神龙殿，葬在泰陵。

泰陵位于陕西蒲城县东北的金粟山上，因山为陵。陵园建筑大体与乾陵相同，只是规模不如乾陵宏大。陵园神道两侧由南向北排列有石翁仲十对、石马五对、鸵鸟一对、华表一对。陵园玄武门外又有石马五对，以及蓍使像八尊。泰陵石雕体态略小，雕凿粗陋，反映了唐王朝自安史之乱以后，政治、经济衰败的情况。

隋大兴城

隋文帝杨坚于开皇二年在旧城东南龙首山南面选了一块"川原秀丽，卉物滋阜"的地方建造了新都大兴城。

大兴城的规划大体上仿照汉晋至北魏时所遗留的洛阳城，故其规模尺度、城市轮廓、布局形式、坊市布置都和洛阳很相似。但大兴是新建城市，因此比洛阳更为规整，更为理想化。

统治阶级从自身利益出发，为了使宫城、官府与民居严格分开，使朝廷与民居"不复相参"，在布局上把宫城放在居中偏北，南面为皇城，集中设置了中央集权的官府衙门，官办作坊和仓库、禁卫部队等，皇城三面用居住里坊包围。

大兴城东西18里又115步，南北15里又175步，城内除中轴线北端的

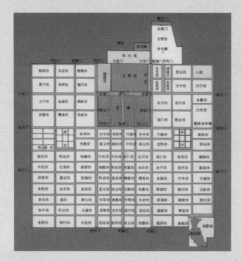

大兴城的设计汲取了曹魏邺城等城市的规划经验，宫殿、居民分布有序，街道呈方格网状、平整宽阔。

皇城与宫城外，划分109个里坊和2个市，东为都会市（唐东市），西为利人市（唐西市），每个坊都有名称。城内道路宽而直，宫城与皇城间的横街宽200米，皇城前直街宽150米，其他街道最窄的也有25米。全城形成规整的棋盘式布局。

为了方便都城的物质供应和满足宫苑用水，在城西挖掘永安渠和清明渠，直通宫城与禁苑。又开龙首渠引三产河水至宫苑内，并于开皇四年由大兴城东凿300余里至潼关，引渭水注入渠中，使漕运通黄河而不经渭水，名为广通渠。

唐长安城

长安城的规划继承了古代城市规划的传统，平面布局方正规则，每面开三门，皇城左右有祖庙及社稷，与《周礼考工记》中的布局接近，并对其他都城规划产生了重要影响，如日本的平城京、平安京等。

唐代基本沿用了隋大兴城的城市布局，但主要宫殿向

图为唐长安城明德门复原想象图。

东北移至大明宫。因此朝臣、权贵都集中到东城，使城市重心偏于一边。

长安城的市集中于东西两市，西市有许多外国"胡商"和各种行店，是国际贸易的集中点。东市则有商店和作坊。

长安城采用严格的里坊制，全城划分为一百零八坊，里坊大小不一：小坊约一里见方，和传统尺度相似；大坊则成倍于小坊。坊的四周筑高厚的坊墙，有的坊设二门，有的设四门。坊内有宽约15米的东西横街或十字街，再以十字小巷将全坊分成十六个地块，由此通向各户。

唐长安城历经几次大规模的修建，人口逐渐增加，总人口近百万，成为当时世界上最大的城市。

唐洛阳城

唐洛阳城平面近于方形，南北最长处7312米，东西最宽处7290米，面积约45.3平方公里。洛水自西南向东北穿城而过，将全城分为洛北、洛南两部分。洛北区西宽东窄，占地较大的皇城、宫城建在西端，恰好西部向南二十里左右可以遥望两山夹水的伊阙，可作对景。坊市建在洛南区和洛北区的东部，形成宫城位于全城西北角、东北角和全城的南半部为坊市的布局。

和长安城相同，皇城在宫城之南，城内集中建中央官署。宫城核心部分"大内"为正方形，东、西、北三面，有东宫、西隔城和陶光园、耀仪城、圆壁城等重城环拥。宫城的正门、正殿、寝殿等都南北相重，形成一条轴线，此轴线向南穿过皇城正门端门后，跨越洛水上的浮桥进入洛南区，直指南面外郭城门定鼎门，形成全城的主轴线。

洛南区在这条主轴线所在的定鼎门街左右划为坊市，街西四行，街东九行，每行由南而北各分六坊，另在沿洛水南岸又顺地势设若干小坊，洛南区有七十五坊，以三坊之地建二市。

在洛北区，皇城宫城之东建有东城和含嘉仓，其东也布置里坊，东西六行，每行由南而北四坊，共二十四坊。这片里坊之南有运河称漕渠，自西面引洛水入渠东行，供东方物资入城之用。在漕渠与洛水之间又建五坊，洛北区共有二十九坊，以一坊为市。

洛阳全城共有大小基本相同的坊一百零三个、三市，南北两区街道虽不全对位，但都是规整的方格网。

洛阳是中国历史上规模空前的大城，从规划到建成都不超过两年，在规划中运用模数控制，即在规划中以皇城、宫城之长宽为模数，划全城为若干大的区块，其内再分里坊。

大明宫

大明宫是唐长安城最大的一处皇宫，在陕西西安城北的龙首原上。因位于太极宫东北，又名"东内"。贞观八年（公元 634 年），太宗李世民为供其父李渊避暑，于长安宫城东北角禁苑内修建永安宫，次年改名大明宫。龙朔二年（公元 662 年）重加修建，改名蓬莱宫。咸亨元年（公元 670 年）又改名含元宫，长安元年（公元 701 年）复名大明宫。自高宗以后，大明宫成为帝王居住与朝会的主要场所。中和三年（公元 883 年）、光启元年（公元 885 年）与乾宁三年（公元 896 年）连遭兵火，遂成废墟。

大明宫原是唐太宗在长安城为其父李渊建的避暑宫，唐高宗时期加以扩建。大明宫长约 7600 米，面积约 3.2 平方公里。

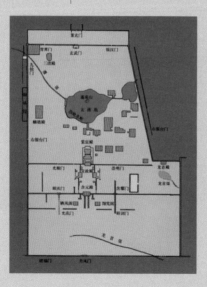

大明宫宫城平面呈南北向不规则的长方形，南宽北窄，城垣周长 7 公里余，面积约 3.2 平方公里。城垣为夯土版筑，底宽 10.5 米，墙基宽 13.5 米。城角处向外加宽 2 米多，东北城角向内外各加宽 2 米多。城门和城角内外均砌砖面。共有九个城门，南面正中有丹凤门，西有建福门，东有望仙门；北面正中有玄武门，西有青霄门，东有银汉门；东面一门，名左银台门；西面二门，南为右银台门，北为九仙门。丹凤

图中为大明宫玄武门与重玄门复原想象图。

门前为丁字形大街，向南的丹凤街，宽约176米。

宫城内有三道平行的东西向宫墙，把宫内分为三个区。依据其功能，可分前朝与内廷两部分。前朝包括前二区，南北中轴线上有含元殿、宣政殿、紫宸殿。

含元殿是丹凤门内正殿，称"外朝"，位于龙首原南沿，高于南面平地15米。殿面阔十一间，进深四间，间宽5.3米。东、西、北三面为夯墙。东南有翔鸾阁，西南有栖凤阁，各有廊道与含元殿相连。两阁前侧各有一处朝堂遗址。殿前有长78米的"龙尾道"，砖石砌筑，阶梯与漫坡相间，三条并列，中间御道宽25.5米，两侧道各宽4.5米。门左右有横贯宫城的隔墙。门前面是一大广场。

含元殿经常举行各种国家仪典。据史载唐王朝与三百多个国家和地区有外事来往，每有外使朝会，皇帝端坐殿上，

含元殿位于大明宫入口，地位相当于故宫的午门。图中是含元殿的正立面复原图。

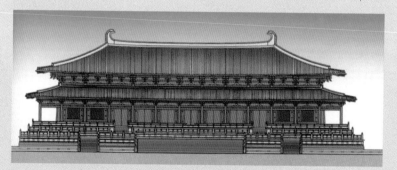

显示出大唐王朝的威严。

宣政殿在含元殿北约 300 米，称"中朝"，为皇帝临朝听政处，亦为举行朔望册拜宣制等大典之所。殿基东西长约 70 米，南北宽 40 多米。殿前 130 米处，为三门并列的宣政门。宣政殿前东廊日华门外（东）有门下省、宏文馆、史馆，西廊月华门外（西）有中书省、御史台、殿中内院、殿中外院等宫署建筑。

紫宸殿在宣政殿北约 95 米处，位于内廷，称"内朝"，是皇帝召大臣议事之所，有时也举行朝会或大典。殿基南北宽近 50 米。紫宸殿东有浴堂殿、温室殿，西有延英殿、含象殿，东西并列，是皇帝日常活动之所。紫宸殿北有横街，街北即后妃居住的寝殿区，主殿在紫宸殿北，为蓬莱殿，殿后又有含凉殿，北临太液池。蓬莱、含凉二殿之左右又有若干次要殿，与之东西并列，自成院落。南起紫宸门，

麟德殿建于唐麟德年间，用于宴会群臣和接待外国使者。总面积约为 1.23 万平方米，宏伟壮丽。

北至含凉殿，包括东西次要殿宇，四周有宫墙围绕，形成宫中的寝区。

内廷是帝王后妃起居游憩的场所，中心地区有太液池，又名蓬莱池，位于龙首原北坡下低处，分东西二池，总面积约十余万平方米。池东有太和殿、清思殿等，是唐帝游乐之所；池北有大角观、玄元皇帝庙、三清殿等，都是道观，因唐崇道教，故宫中多建道教建筑。

内廷西部有皇帝举行宴会、观看舞乐和接待外国使臣用的麟德殿。麟德殿位于太液池正西高地上，距宫城西墙 90 米。宫殿的台基夯土筑成，周围砌有砖壁，呈长方形，南北长 130 余米，东西宽约 77 米，上下二层，殿堂、廊庑建在上层台基之上。麟德殿由前殿、中殿、后殿组成，中殿为主殿，东西宽儿间（两山墙各占一间除外），南北进深五间，殿内有两道隔墙，将殿分成东、中、西三部分，中部五间，两侧各两间，地面铺 0.2 米厚石板。前殿东西宽亦为九间，两山与中殿齐，前后无墙，两端两间进深四间，当中七间进深三间，地面也铺石板。后殿与中殿仅一墙之隔，两山与中殿对齐，进深三间，地面铺方砖，殿周环以回廊。殿后侧东面为郁仪楼，西面为结邻楼，两楼前为东亭、西亭。楼、亭均建于夯土高台上，楼亭廊庑衬托着三殿，构成一组具有唐代特色的大型建筑组合。整个建筑布局规正严密，左右对称，主从分明，规模十分宏伟。

大明宫各殿都用夯土台基，四周包砌砖石，绕以石栏杆。初期建的含元殿殿身东、北、西三面用夯土承重墙，麟德殿三面各宽一间处用夯土填充，表现出北朝和隋代惯用的土木混合结构建筑的残迹，以后所建各殿即为全木构架建筑，但房屋之墙仍为土筑，不用砖，表面粉刷红或白色。殿之地面铺砖或石，踏步或坡道铺模压花纹砖。建筑之木构部分以土红色为主，上部斗拱用暖色调彩画，门用朱红色，窗棂用绿色，屋顶用黑色渗炭灰瓦，脊及檐口有时用绿色琉璃。

总而言之，大明宫具有下列特点：

一、规模宏大，规划严整。大明宫如不计太液池以北的内苑地带，相当于明清故宫总面积的三倍多，其中的麟德殿面积约是故宫太和殿的三倍。

二、建筑群加强了突出主体建筑的空间组合，强调了纵轴方向的陪衬手法。全宫自南端丹凤门起，北达太液池蓬莱山，为长达约 1600 余米的中轴线，轴线上排列全宫的主要建筑：含元殿、宣政殿、紫宸殿，轴线两侧采取大体对称的布局。含元殿利用突起的高地（龙首原）作为殿基，加上两侧双阁的陪衬和轴线上空间的变化，造成朝廷所需的威严气氛。

三、木建筑解决了大面积、大体量的技术问题，并已定型化。如麟德殿，由前、中、后三殿组成，面积约5000平方米，采用了面阔十一间，进深十七间的柱网布置。主殿含元殿则用减去中间一列柱子的办法，加大空间，使跨度达到10米，这表明早在唐初宫殿木架结构就已具有与故宫太和殿约略相同的梁架跨度。

四、门窗朴实无华，给人以庄重、大方的印象。

兴庆宫

兴庆宫为唐长安三座皇宫之一，其他两座为大明宫、太极宫。开元二年（公元714年），就唐玄宗旧居五王子宅所在的兴庆坊建成。唐天佑元年（公元904年）毁。

1949年后，经系统勘查发掘，将兴庆宫旧址部分辟为兴庆公园，并重建了花萼相辉楼、勤政务本楼、沉香亭等仿唐建筑。

兴庆宫是唐代三大宫殿之一，原为唐玄宗李隆基称帝前与兄弟五人在隆庆坊的藩第。1949年后，经系统勘查发掘，将兴庆宫旧址部分辟为兴庆公园，并重建了花萼相辉楼、勤政务本楼、沉香亭等仿唐建筑。

据记载，兴庆宫以一道东西横墙隔为南北两部分。北部为宫殿区，南部为园林区。东面通过夹城与大明宫连通。

正殿为兴庆殿，主要建筑还有大同殿、南薰殿、新射殿等。龙首渠横贯宫殿区，在瀛洲门东侧穿越东西横墙注入园林区的龙池。园林区以龙池为中心，东北角有沉香亭。宫的西南方有勤政务本楼和花萼相辉楼，是唐玄宗宣布大赦、改元、受降、受贺、接见、宴饮的地方。

整座宫殿没有一条全局的中轴线，呈非对称布局，这在古代宫殿建筑中是罕见的，南部有较大的园林区，具有离宫性质。

西 苑

西苑建于公元605年5月，是隋炀帝营建东都洛阳时所建的皇家园林。隋时，又称会通苑，它是我国历史上最为奢华的园囿之一。

西苑北至邙山，南抵伊阙，周围二百余里。西苑南部是一个水深数丈，方圆十余里的人工湖，湖上建有方丈、蓬莱、瀛洲三座仙山，高出水面百余尺，相隔三百步，山上错落有致的亭台月观，内置机关，或升或降，时隐时现，有若神变。西苑北面是一条蜿蜒盘亘的大水龙，名为龙鳞渠，依地形高低而曲折跌宕，流入湖中，遂与南部连为一体。面渠而建的十六宫院是十六组建筑庭园，各具特色，供嫔妃居住。其内殿堂楼阁，构造精巧，壮观华丽；其外流水潺潺，飞桥静卧其上，过桥百步，即是郁郁葱葱的树林，微风吹过，杨柳轻扬，修竹摇曳，曲折小径，奇花异石，亭台楼榭，隐藏其间。每院临渠开门，在渠上架飞桥相通。各庭院都栽植杨柳修竹，名花异草，秋冬则剪彩缀绫装饰，穷奢极侈。院内还有亭子、鱼池和饲养家畜、种植瓜果蔬菜的园圃。

十六院之外，还有曲水池、曲水殿、冷泉宫、青城宫、凌波宫、积翠宫、显仁宫等，以及大片山林，可泛轻舟画舸，作采菱之歌，或登飞桥阁道，奏游春之曲。

公元606年，因启民可汗入朝，隋炀帝欲夸富乐，在西苑的积翠池举行四方散乐大阅演。先是舍利兽跳跃，激水满地，即见鱼鳖、水虫遍覆于地；接着是"黄龙变"的魔术，只见鲸鱼喷雾蔽日，倏忽之间便化作七八丈长的黄龙；此后是二人对舞走绳、神鳌负山、幻人吐火等精彩节目。其间为供应演员所穿衣服，长安、洛阳绸缎为之空竭。

唐初，西苑改名为芳华苑；武则天时，洛阳荣升为神都，西苑则随之被定名为神都苑。唐代有高宗、武则天、中宗、玄宗、昭宗、哀宗六位皇帝先后移都洛阳，历时长达四十年之久，作为皇家园林的西苑，风光依旧不减当年。

宋元以后，古都洛阳日渐衰落，作为皇家园林的西苑亦不免败落下来。但它在中国古代园林史上的地位却不容抹杀。西苑以人工湖为中心，湖上建山，湖之北建各样的十六宫院，形成"苑中园"的特色，不像汉代宫苑那样以周阁复道相连，这是从秦汉建筑宫苑转变为山水宫苑的一个转折点，开北宋山水宫苑——艮岳之先河，更成为清代圆明园的滥觞。

辋川别业

中国园林史上最著名的别业当推唐代诗人兼画家王维的辋川别业。王维在蓝田县利用自然景物，略施建筑点缀，经营了辋川别业，形成既富有自然之趣，又有诗情画意的自然园林。

辋川别业是在宋之问辋川山庄的基础上营建的园林，位于蓝田县西南十余公里处，今已湮没。根据传世的《辋川集》中王维和同代诗人裴迪所赋绝句，对照后人所摹的《辋川图》，我们可以对辋川别业进行复原：

从山口进，迎面是"孟城坳"，山谷低地残存古城，坳背山冈叫"华子冈"，山势高峻，林木森森，多青松和秋色树。背冈面谷，隐处可居，建有辋口庄。

越过山冈，到了"南岭与北湖，前看复回顾"的背岭面湖的胜处，有文杏馆，馆后崇岭高起，岭上多大竹，名"斤竹岭"。这里"一径通山路"，沿溪而筑。

缘溪通往"木兰柴"（木兰花），这里景致幽深，有诗说"苍苍落日时，鸟声乱溪水，缘溪路转深，幽兴何时已。"

登上冈岭，至人迹稀少的山中深处，即"鹿柴"，那里

知识链接

别业为何物

别业是与"旧业"或"宅第"相对而言，即业主往往原有一处住宅，而后另营别墅，称为别业。若突出其园林气氛以区别于一般住宅，则称别墅。

别业和宅园的区别在于：前者位于郊区，是以家宅为主体的园林；后者位于城市，是在家宅用地中划出一部分专门布置成园林，供游憩之用，同家宅隔开。

"空山不见人，但闻人语响"。

"鹿柴"山冈下为"北宅"，一面临敧湖，盖有屋宇。北宅的山冈尽处，峭壁陡立，壁下就是湖。从这里到南宅、竹里馆等处，因有水隔，必须舟渡。

敧湖的景色是"空阔湖水广，青荧天色同，舣舟一长啸，四面来清风"。为了充分欣赏湖光山色，建有"临湖亭"。沿湖堤岸上种植柳树，往下，有水流湍急的"栾家濑"，这里"浅浅石溜泻"，"波跳自相溅"，"汛汛凫鸥渡，时时欲近人"。

离水南行复入山，山下谷地就是南宅，从南宅缘溪下行到入湖口处，有"白石滩"，这里"清浅白石滩，绿蒲向堪把"，"跂石复临水，弄波情未极"。沿山溪上行到"竹里馆"，得以"独坐幽篁里，弹琴复长啸，深林人不知，明月来相照"。

此外，还有"辛夷坞"、"漆园"、"椒园"等胜处，因多辛夷（即紫玉兰）、漆树、花椒而命名。

辋川别业营建在具山林湖水之胜的天然山谷区，因植物和山川泉石所形成的景物题名，使山貌水态林姿的美更加集中地突出表现出来，仅在可歇处、可观处、可借景处，筑宇屋亭馆，建成既富自然之趣，又有诗情画意的自然园林。

华清宫

华清宫是唐朝所建著名园林之一，至今仍保存比较完整。它位于陕西临潼县的骊山之麓，以骊山脚下涌出的温泉得天独厚，和以杨贵妃赐浴华清池的艳事而闻名于世。

华清宫本身是一宫城，占地 2000 平方米，其形方整，由宫殿、亭阁、回廊组成。宫殿坐北面南，为高台建筑。华清宫西门是九龙汤，堤上排列着九条精雕细刻、栩栩如

知识链接

什么叫借"景"

"借景"是我国古典园林突破空间局限、丰富园景的一种传统手法。这种手法在我国古典园林中运用得非常普遍，而且具有很高的成就。借景手法具体包括"远借、邻借、仰借、俯借、应时而借"。"远借"主要指借园外之景。所谓"邻借、仰借、俯借、应时而借"，主要是指园林之内的借景。"邻借"是指园内距离不远的景物，彼此对景，互相衬托，互相呼应。"仰借"一般是指园林中的碧空白云、或明月繁星等天象。不过，像仰望山峰、瀑布，以及苍松劲柏、宏伟壮丽的建筑也可称为仰借。"俯借"则是指如凭栏望湖光倒影、临轩观池鱼游跃等。"应时而借"是指利用一年四季或一月之间不同的时辰景色的变化——如春天的花草、夏日的树荫、秋天的红叶、冬天的雪景、早晨的朝霞旭日、傍晚的夕阳余晖等等。

唐代华清池是帝王妃嫔游宴的行宫，天宝六年扩建后，唐玄宗每年携带杨贵妃到此过冬沐浴在此赏景。

生的石龙。出九龙汤南小门，东行百余米，有著名的阿房宫遗址和贵妃池。在贵妃池南面不远处，山势陡峻，攀缘而上，可见平地一片。据说，这里曾是唐代长生殿遗址，也即是诗人白居易在著名长诗《长恨歌》里所写的唐玄宗和杨贵妃山盟海誓的地方。

华清宫苑中的华清温泉，发现于三千年前的西周。周幽王曾在此修建骊宫，以后更成为秦、汉、唐代帝王游乐沐浴的离宫别苑，其中尤以盛唐时修建的华清宫建筑群规模最大。当年唐太宗利用温泉水建温泉宫，至唐玄宗时改为华清宫，并利用泉水建成华清池。水面有分有聚，以聚为主，则给人以池水漫漫，清澈开朗，深邃莫测之感；以分为主，则产生虚实对比，萦回曲折，无限幽深之意境。

除华清池、长生殿外，还有朝元阁、集灵台、宜春亭、芙蓉园、斗鸡殿等，组成一个规模较大的宫苑，专供玄宗李隆基和杨贵妃等宫室权贵们奢侈享乐。

华清宫的最大特点是体现了我国早期自然山水园林的艺术特色，随地势高下曲折而筑，是因地制宜的造园佳例。

莫高窟

莫高窟又名"千佛洞"，位于甘肃敦煌市东南二十五公里处鸣沙山的崖壁上。莫高窟规模宏大，内容丰富，历史悠久，石窟南北长 1600 余米，上下共五层，最高处达 50 米。现存洞窟 492 个，其中魏窟 32 洞，隋窟 110 洞，唐窟 247 洞，五代窟 36 洞，宋窟 45 洞，元窟 8 洞，壁画 45000 余平方米，彩塑 2415 身，飞天塑像 4000 余身，与山西云冈石窟、河南龙门石窟并称为中国"三大石窟艺术宝库"。

中国石窟艺术源于印度，印度传统的石窟造像以石雕

1961 年，莫高窟被中华人民共和国国务院公布为第一批全国重点文物保护单位之一。1987 年，莫高窟被列为世界文化遗产。

发现敦煌

清光绪二十六年（公元1900年）6月22日，看管石窟的道士王元录请来写经书的杨某在往墙缝中插灯草时，发现墙里面是空的，因此发现了一个密室（即十七号窟，也叫藏经洞），洞里藏有从三国曹魏到北宋时期的经卷、文书、织绣和画像等约五万余件。文书除汉文写本外，栗特文、卢文、回鹘文、吐蕃文、梵文、藏文等各民族文字写本约占六分之一。文书内容有佛教、道教的宗教文书，文学作品，契约、账册、公文书函等。这是20世纪初中国考古学上的一次重大发现，震惊了世界。

为主，而敦煌莫高窟因岩质不适雕刻，故造像以泥塑壁画为主。整个洞窟一般前为圆塑，而后逐渐淡化为高塑、影塑、壁塑，最后则以壁画为背景，把塑、画两种艺术融为一体。莫高窟现存石窟492洞，有禅窟、殿堂窟、塔庙窟、穹隆顶窟、影窟等形制，还有一些佛塔。窟型最大者高40余米、宽30米，最小者高不足盈尺。

莫高窟最初开凿于前秦建元二年（公元366年），一位法名乐尊的僧人云游到此，因看到三危山金光万道，状若千佛，感悟到这里是佛地，便在崖壁上凿建了第一个佛窟。以后经历代修建，至元代基本结束。

隋唐为莫高窟全盛时期，隋代石窟样式由北朝的中央塔式改为中心佛坛，出现一佛、二弟子、二天王或二力士的组合。塑像亦由早期的"瘦骨清相"造型，重返"丰硕壮实"之貌。窟中壁画主要是大场面的说法图和简单的经变图。唐代壁画是多种经变图，题材主要有五种：一、佛像画。出现较多的单身佛像和菩萨像，如药师佛、卢舍那佛、观音、势至、地藏以及密教题材的菩萨像。二、经变画。有阿弥陀、弥勒、东方药师、观无量寿、法华、宝雨、维摩诘、劳度叉斗圣、观音、文殊、普贤、报恩、华严、天清问、思益梵天清问、金光明、金刚、楞伽、密严、报父母恩重、降魔经变等二十余种。隋和唐前期经变种类较少，场面宏大，构图谨严，内容精练，每一壁一铺，后期种类增多，内容丰富，一壁二至三铺，甚至经变画下还增加屏风画，以补充经变的内容。三、佛教史迹画和瑞像画。多为传自西域于阗以及天竺、尼婆罗、犍陀罗等地的佛教传说，如于阗舍利佛毗沙门天王决海、尼婆罗阿耆波尔水火池、中天竺波罗奈国鹿野苑中瑞像、犍陀罗分身瑞像等。四、佛经故事画。隋代逐渐消失，至晚唐复又出现，有善事太子入海等。个别洞窟绘《贤愚经》的故事二十余种。五、供养人画像。形象逐渐增大，晚唐已出现等身大像，形象服饰描绘细致讲究。场面宏大、结构严谨的河西归义军节度使张议潮及河内郡夫人宋氏出行图，是重要的历史画卷，其规模极为宏伟，表现出天国的壮丽图景。

敦煌石窟艺术是集建筑、雕塑、绘画于一体的立体艺术，古代艺术家在继承中原汉民族和西域兄弟民族艺术优良传统的基础上，吸收、融化了外来的表现手法，发展成为具有敦煌地方特色的中国民族风俗的佛教艺术品，是人类文化宝藏和精神财富。

南禅寺与佛光寺

中国古代建筑受等级约束，宫殿、邸宅与一般民居差别甚严，佛寺也同样有级差。佛光寺是北魏以来的名刹，属领有寺额的正式寺院，故其正殿与宫殿相似，使用殿堂型构架，造庑殿顶。而南禅寺是村落中的小佛寺，相当于村佛堂，是非正式的，至多与贵邸的厅堂近似，故使用厅堂型构架，造低一个等级的歇山屋顶。

佛光寺东大殿建于唐宣宗大中十一年（公元857年），

佛光寺位于山西五台县豆村的山野中，是华严宗十大寺之一。是我国现存古建筑中最能体现唐代木构建筑特征的一例，具有极高的史料价值。

佛光寺祖师塔位于山西五台县佛光寺东大殿旁，该塔平面为六边形，两层。下层塔身开火焰券门。上层塔身转角处装饰有莲花柱。祖师塔全身洁白，塔身布满莲花装饰，造型奇特。

是一座面阔七间、进深四间、单檐庑殿顶的大殿，宽34米，深17.66米。它属于木构架中的殿堂型构架，由柱网、铺作层、屋架三层上下叠架而成。柱网和铺作层共同构成屋身部分；铺作层同时还起保持构架稳定和向外挑出屋檐、向内承托室内天花的作用；屋架则构成庑殿形屋顶。

南禅寺位于山西五台县偏僻的山间，是唐代早期建筑。

南禅寺大殿建于唐德宗建中三年（公元782年），是一座面阔、进深都是三间的小殿，宽11.75米，深10米，上覆单檐歇山屋顶，内部用两道通进深的梁架，无内柱，室内无天花吊顶，属于木构架中的厅堂型构架。

图为佛光寺东大殿，其外檐铺作的出挑距离，达1.88米，是中国现存古建筑第二大者。

普救寺莺莺塔

永济西北有普救寺，是唐代文学家元稹写《莺莺传》所指的寺院。此塔本是佛寺中瞻礼建筑，不知何时取名为莺莺塔。此塔创自隋唐，现存的普救寺塔是明代嘉靖年间重修的建筑，但此塔仍保存了唐塔的一些特点和风格。

塔平面呈四方形，底层每边长8.05米，南面辟门，门宽1.28米。内为方室，室内东西与南北的尺度不同，门的位置也不居中。塔后壁有一龛，已无佛像。第一层不设楼梯，室顶砌作八角穹隆，中有一孔，可通上层。塔外壁用砖出檐十三层，塔身七层以下有明显收分，七层以上檐层的距离减少，檐子也密，显然是明代加砌的。

普救寺莺莺塔位于山西永济市普救寺内，始建于唐，明嘉靖三十四年（1555年）地震塌圮，随即重建。塔十三级，高约36.76米，叠涩出檐，收刹很小，犹存唐制。

最古老的石拱桥——赵州桥

石拱桥以巨石砌成拱券通水，南方北方都有，占桥梁的大多数。南方河道较窄，河中行船，桥上运输以肩挑为主，所以拱跨不需太大而拱背特高；北方正好相反，河道较宽而浅，河中常不行船，桥上以车马运输为主，所以拱背不需或不能太高而桥面平缓。由此形成南方拱桥曲柔空灵、北方拱桥平实稳重的风格差异。

中国现存最古老的一座单跨石拱桥是安济桥，也称赵州桥，位于河北石家庄东南45公里处的赵县境内，修建于隋代开皇年间（公元581年左右），距今已有1400年历史，被誉为天下第一桥，由著名匠师李春主持建造。

赵州桥以其结构的新奇，造型的美观，赢得了华北四宝之一的美誉。经历1400年的沧桑，并历经数次地震，皆安然无恙。

由于赵州桥下的河流平时仅涓涓细流，不通航，而河面较宽，所以桥孔不需太高而应有相当大的跨度，桥面缓平无阶，代表了北方石拱桥的风格。赵州桥大胆地在世界上首创了大跨弓形拱券，拱弧跨度达37.47米，矢高不到弧跨的五分之一，桥顶宽8.51米。全桥纵向有28道并列拱券，各券可逐道建造，模架重复使用，便于施工。为加强各券之间的横向联系，不使向外倾翻，除了用铁件和横向石条加强券间联系外，又使两头桥脚宽度比桥顶宽度宽51厘米到74厘米，使各券自然向内挤紧。为利于洪水来时增加泄水面，在此桥大券和桥面之间，两肩各开二孔，称为敞肩拱。这种做法，也有减轻自重，减少工程量和丰富造型的作用，是中国首创。

整个桥面呈和缓的凸圆弧状，在桥头处弧线反向微微凹曲，全桥曲线非常优美舒展。桥面的圆弧半径较大，桥券的半径较小，一弛一张，弛者在上，张者在下，形成有力的承托对比关系。四个敞肩小拱和桥面大拱的拱背标高由中向外逐渐下移，大、小拱的对比，显出了大拱的真实尺度。小拱的通透使全桥显得空灵轻巧，负重若轻。

赵州桥通体用巨大花岗岩石块组成，是世界上现存最早、保存最好的石拱桥，1991年被美国土木工程学会命名为"国际土木工程历史古迹"，标志着赵州桥与巴黎埃菲尔铁塔、巴拿马运河、埃及金字塔等世界著名景观齐名。

崇圣寺三塔

崇圣寺，位于大理古城北1.5公里处，东对洱海，西靠苍山。崇圣寺又叫三塔寺，是一座建于六诏时的古刹。崇圣寺方圆七里，有八百九十间殿房，一万余尊佛像，到明代还有三阁、七楼、九殿、百厦，可惜于清同治年间被毁。只有寺前三塔仍巍然屹立。

三塔包括一座千寻塔和两座小塔，都是用砖砌筑而成的密檐式塔。千寻塔在前，双塔在后，前后相距约三十米，呈鼎足而立。

千寻塔是三塔中最大的塔，位于南北两座小塔前方中间，所以又称中塔。塔的全名为"法界通灵明道乘塔"，建于唐代南诏保和时期（公元824－839年）。塔的底层高约13米，塔高69.13米，一共有十六级，为方形密檐式空心砖塔，属于典型的唐代建筑风格。塔心中空，在古代有井字形楼梯可以供人攀登。通体自上而下有两重塔基、塔身。塔身每层正面中央开券龛，龛内有白色大理石佛像一尊。两边龛为窗洞，莲花座，庑殿式顶，中嵌梵文刻经。两级窗洞的方向交替错开，解决了塔内的采光通风问题。塔檐越往上间距越小，自第三、四层起逐层向内收束，最后集束于塔顶。因此塔身的外形轮廓不是僵硬地直线向上，而是微凸。

塔身的第一层，高13.45米，是整个塔身中最高的一级。东塔门距基座平面2米，西塔门则在近6米处。塔墙厚达3.3米。第二至十五层结构基本相同，大小相近。第十六层为塔顶。以第二层为例，高约2米，宽约10米，上部砌出叠涩檐。每层挑出0.05—0.07米不等，檐的四角上翘。

塔顶高8米，约为塔身的七分之一。挺拔高耸的塔刹，使人有超出尘寰、划破云天之感。顶端是铜铸的葫芦形宝瓶，瓶下为八角形宝盖，四角展翅，安有击风锋；其下为钢骨铜皮的相轮；最下为覆钵，外加莲花座托。塔顶四角各有一只铜铸的金鹏鸟，传说用以镇压洱海中的龙妖水怪。

大理三塔矗立于蓝天碧水之间，伟岸挺拔，是大理的绝世胜景。

塔下有黔国公沐氏楷书"山海大观"四个大字，每字纵横4丈，由文石凿成。塔前照壁上镶有大理石镌刻"永镇山川"四字，是明黔国公沐氏的裔孙沐世阶所书，字体苍劲有力。

之所以写"永镇山川"这四个字，有两种说法：一种说法是古时大理地区恶龙作怪，因此要治水就要先治龙，可龙唯独只尊敬塔畏惧大鹏，因此只要塔和大鹏金翅鸟存在，龙就不敢作恶，水患当然也就减少了。另一种说法是，明朝时，地处边疆的大理地区已成为其版图，为了充分表达对这块版图的坚守之意，在屹立不倒的塔基上题字刻碑就再合适不过了。

千寻塔后面的南北两座小塔，它们的建筑时代晚于千寻塔，大约在五代时期。而且都比千寻塔矮，南小塔约高38.25米，北小塔高38.85米，都为八角形十级密檐实心砖塔。每层分别雕券龛、佛像、莲花、瑞云、花瓶等，图中为千寻塔。

华贵庄重。塔身外面涂抹一层白色泥皮，塔顶有伞形铜铃和三只铜葫芦。

　　据《南诏野史》记载：塔上有一万一千多尊铜佛，用铜四万零五百斤。千寻塔顶有纯金观音像、金质释迦牟尼坐像等几百尊，及大量珍珠、玛瑙、水晶、珊瑚、绘画等。

　　崇圣寺三塔，从修建至今，除经历上千年风吹雨打和日晒之外，还经历过三十余次强地震的考验。其中，明朝正德年间的大地震，大理古城房屋绝大部分倒塌，千寻塔也折裂如破竹，可十天后竟奇迹般自行复合如初，塔基仍很坚固，塔身也未见倾斜。

开元寺钟楼和须弥塔

开元寺原名净观寺，始建于东魏兴和二年（公元540年），隋开皇十年（公元591年）改名解慧寺，唐开元二十六年（公元738年）改今名。因年久失修，寺院废毁，殿堂塌落，今仅存钟楼和须弥塔。

钟楼为砖木结构的二层楼阁式建筑，平面呈正方形，面阔、进深各三间，建筑面积135平方米，单檐歇山顶，上布青瓦，通高14米。其大木结构、柱网、斗拱都展示了唐代建筑艺术风格，甚至上层木构件还有相当部分保持了

开元寺钟楼是唐代佛教寺庙建筑，在河北省正定县城内。钟楼建于唐，明清重修，是现存唯一的唐代钟楼实例。

须弥塔除门洞及底层少许雕饰外，余无任何装饰，显得简洁疏朗，朴实大方。呈方形的这座砖塔，外观与西安大、小雁塔极相似。

唐代原貌。钟楼上挂铜钟一口，高2.9米，口径1.56米，厚15厘米，造型古朴，为唐代遗物。

须弥塔，俗称砖塔、方塔，坐落于钟楼西侧。塔平面为正方形，密檐九级，举高39.5米。塔身建在高约1.5米的正方形砖砌台基上。塔身第一层较高，下部砌石陡板一周，各面两端均浮雕一尊雄劲有力的力士像。石腰线以上全部由青砖砌筑。正面辟石券门，门框刻以花瓶、花卉图案，门循浮雕二龙戏珠。门楣上端镶嵌长方形石匾，上面镌刻"须弥峭立"四个楷书大字。每层砖砌叠涩檐，四角悬挂风锋。塔身宽度自第二层开始收缩，外观清秀挺拔，简朴大方，颇似西安唐代小雁塔，是叠涩出檐塔的典型作品。

塔内呈空筒式，内壁垂直，上下贯通。第二层以上的八层，虽然各设一方形小窗，但无台阶攀登。

此塔可能始建于唐贞观十年（公元636年），唐乾宁五年（公元898年）重建。后虽经历代维修但依然保持唐代建筑特点，是我国建筑宝库的珍贵遗产。

布达拉宫

藏语布达拉就是普陀之意，因为在当地信仰藏传佛教的人心中，这座小山犹如观音菩萨居住的普陀山。

布达拉宫位于西藏拉萨西北郊区约两千米处的玛布尔日山（红山）上，是一座融宫殿、寺宇和灵塔于一体，规模浩大的宫堡式神奇建筑。始建于公元7世纪藏王松赞干布时期，距今已有一千三百年的历史。

唐初，松赞干布迎娶唐朝宗室女文成公主为妻，为夸耀后世，在当时的红山上建九层楼宫殿一千间，取名布达拉宫以供公主居住。据史料记载，红山内外围城三重，松赞干布和文成公主宫殿之间有一道银铜合制的桥相连。当松赞干布建立的吐蕃王朝灭亡之时，布达拉宫的大部分也毁于战火。

明末，五世达赖建立葛丹颇章王朝。公元1645年，开始重建布达拉宫，五世达赖由葛丹章宫移居白宫顶上的日光殿，1690年，在第巴桑杰嘉错的主持下，修改红殿五世达赖灵塔殿，1693年竣工。以后经历代达赖喇嘛的扩建，才达到今日的规模。

布达拉宫是历世达赖喇嘛的冬宫，也是过去西藏地方统治者政教合一的统治中心，从五世达赖喇嘛起，重大的宗教、政治仪式均在此举行，同时又是供奉历世达赖喇嘛灵塔的地方。

布达拉宫依山垒砌，主楼高 119 米，十三层，东西长 420 米，南北宽 300 米，房屋近万间。主体建筑分红、白两宫，红宫居中，有历代达赖喇嘛的灵塔和各类佛堂及经堂；白宫横贯两翼，是达赖喇嘛处理政务和生活居住的地方。由东平台扶梯直上即为上楼去各殿的松格廊廊道，廊道交错，殿堂杂陈，空间曲折莫测，置身其中，如步入神秘世界。

布达拉宫宫殿外墙厚达 2—5 米，基础直接埋入岩层。墙身全部用花岗岩砌筑，高达数十米，每隔一段距离，中间灌注铁汁，进行加固，提高了墙体抗震能力。

图中便是布达拉宫的红宫立面局部。

屋顶和窗檐用木质结构，飞檐外挑，屋角翘起，铜瓦鎏金，用鎏金经幡、宝瓶、摩蝎鱼和金翅鸟做脊饰。闪亮的屋顶采用歇山式和攒尖式，具有汉代建筑风格。屋檐下的墙面装饰有鎏金铜饰，形象都是佛教法器式八宝，有浓重的藏传佛教色彩。柱身和梁枋上布满鲜艳的彩画和华丽的雕饰。廊道内雕梁画栋，满布壁画。

布达拉宫内部绘有大量的壁画，先后参加壁画绘制的有近二百人，用十余年时间。壁画的题材有西藏佛教发展的历史，五世达赖喇嘛生平，文成公主进藏的过程等。

布达拉宫内的装饰既有汉族风格，又保留了民族特色。图中是宫内一景，柱上承坐斗，坐斗上为建筑构件"替木"。

五世达赖的灵塔，坐落在灵塔殿中。塔高 14.85 米，是宫中最高的灵塔，塔身用黄金包裹，并嵌满各种珠宝玉石，耗费黄金十一万两。其他几座灵塔虽不如达赖喇嘛灵塔高大，其外表同样装饰大量黄金和珠宝，可谓价值连城。

落拉康殿中有大型铜制坛城，坛城是佛教教义中世界构造的立体模型，也是佛居住、说法的讲坛。造型别致，装饰华丽。

萨松郎杰殿中供奉有用藏、汉、满、蒙四种文字书写的康熙皇帝长命牌位和乾隆皇帝画轴，表现了历代达赖同中央政府的隶属关系。

布达拉宫雄伟、辉煌、壮丽、震撼人心，有强烈的艺术感染力，是可以夸耀于世界的建筑艺术珍品。

拉萨大昭寺

拉萨大昭寺建于唐贞观十五年（公元 641 年）至唐永徽六年（公元 650 年）之间，经历代增扩，才成为寺院，保存到了今天。

寺大门向西，面临八角街，八角街围绕大昭寺一圈，每天都有信众沿着它右旋（顺时针方向）回行，表示对佛的尊敬。

经过带有门廊的门殿，隔着一座千佛廊院，是大昭寺大昭寺不仅仅是一座供奉众多佛像、圣物以使信徒们膜拜的殿堂，它还是佛教中关于宇宙的理想模式——坛城（曼陀罗）这一密宗义理立体而真实的再现。

主殿觉康大殿。觉康大殿平面正方，周围四层，隔成一间间小佛堂，中轴线上一座佛堂供奉着文成公主带来的释迦牟尼大像，有一间佛堂还有松赞干布、文成公主和尼泊尔尺尊公主的塑像，中央是一个高通三层的大空间，平顶。第四层四面正中各有一座鎏金铜屋顶，形象仿自汉族建筑，四角各有一座平顶角楼。觉康大殿的金顶非常富有特色，沿着大殿整个方形外墙墙头列短檐一周，把全殿统束起来。短檐在四座金顶殿处外伸，使得每个金顶仿佛都是重檐。再加角楼的陪衬，形象特别丰富而华丽。

大昭寺的寺门、千佛廊院和觉康大殿，加上寺门外仿佛起着影壁作用的小围院一起，构成了一条中轴对称的空间系列。

大昭寺周围环绕经堂、佛殿、回廊、院落的整体结构形式，以其不对称的排列，明显区别于汉式寺院的整体结构。虽然大昭寺的主殿位于寺院整体结构的中轴线上，但是其高于汉式寺庙的建筑空间及其空间结构和构造方式，都表明了藏族寺院建筑的特色。而主殿外观中的单檐歇山式绝对对称的屋顶又反映了藏式建筑从一开始就受到汉族建筑传统的影响。

大雁塔与小雁塔

大雁塔位于西安南郊大慈恩寺内，相传是唐僧从印度（古天竺）取经回来后，专门从事译经和藏经之处，因仿印度雁塔样式的修建故名雁塔。由于后来又在长安荐福寺内修建了一座较小的雁塔，为了区别，人们就把慈恩寺塔叫大雁塔，荐福寺塔叫小雁塔。

唐末以后，寺院屡遭战火，殿宇焚毁，只有大雁塔巍然独存。

大雁塔属楼阁式砖塔，造型简洁，气势雄伟。平面呈方形角锥状，建在一座方约45米，高约5米的台基上。塔七层，底层边长25米，由地面至塔顶高64米。塔身用青砖砌成，磨砖对缝坚固异常。塔内有楼梯，可以盘旋而上。每层四面各有一个拱券门洞，可以凭栏远眺。塔的底层四面皆有石门，门楣上均有精美的线刻佛像，传说是唐代大画家阎立本的手笔。塔南门两侧的砖龛内，嵌有唐初四大书法家之一的褚遂良所书的《大唐三藏圣教序》和《述三藏圣教序记》两块石碑。

关于大慈恩寺

大慈恩寺是唐长安城内最著名、最宏丽的佛寺，它是唐贞观二十二年太子李治为了追念他的母亲文德皇后而建。唐三藏——玄奘曾在这里主持寺务，领管佛经译场，创立佛教宗派，寺内的大雁塔也是他亲自督造的。

寺门内，钟、鼓楼东西对峙。钟、鼓是寺院的号令，俗有"晨钟暮鼓"之说。东侧钟楼内悬吊明代铁钟一口，重三万斤，高三米多。唐代学子考中进士后到慈恩塔下题名，谓之"雁塔题名"，后沿袭成习。唐代画家吴道子、王维等曾为慈恩寺作过不少壁画，惜早已散佚。但在大雁塔下四门洞的石门楣、门框上，却保留着精美的唐代线刻画，西石门楣上的线刻殿堂图尤为珍贵。

大雁塔表现了唐代中前期的木构建筑形象，是研究唐代建筑演变的重要史料。

小雁塔位于西安荐福寺内，其为方形15层空腔式，现存13层，高40余米，是唐代早期密檐塔的典型。

碑侧蔓草花纹，图案优美，造型生动。

小雁塔是唐代著名佛教寺院荐福寺的佛塔。荐福寺建于唐睿宗文明元年，是唐高宗死后百日，宗室皇族为他"献福"而建造的。小雁塔建于唐景龙年间，原为十五级，是密檐式砖构建筑，塔形秀逸出众，是建筑艺术遗产的精华。

兴教寺玄奘塔

兴教寺是唐代著名僧人玄奘的葬骨地，位于西安韦曲南樊川的少陵原畔。玄奘从印度取经回国后，先后在长安弘福寺、大慈恩寺、西明寺翻译佛经。唐高宗麟德元年（公元664年）二月，玄奘圆寂于玉华宫，先葬在长安城东白鹿原上，后迁葬于兴教寺，并修建了这座五层灵塔。

玄奘塔建于唐高宗总章二年（公元669年），以砖石为材，采用传统木结构之艺术造型，是现今遗存最古老带有斗拱之砖砌木结构建筑。塔平面正方，全高21公尺，五层，初层每边5.2公尺，塔身无基座承托，由地面直接出土，二层以上为砖表土心，无法登上。经后世维修，塔身外壁无装饰，已改为平素之砖墙，没有倚柱，上有以砖刻"一

兴教寺玄奘塔是唐代阁楼式砖塔的典型代表。

斗三升"斗拱，南面辟有半圆形拱券门，内设小方室供奉玄奘坐像。第二层至第五层，高度及面积渐次内缩，均以砖砌出八角形倚柱，柱头用普柏枋和栏额，将每层每面划分成三间。各层塔檐以二层菱角牙子和多层平砖叠涩而出，四个檐角悬挂一个铁铃，檐口上部，反叠涩平砖砌成坡顶形式，以承接上层塔身，至第五层塔顶四坡亦不起脊，棱线柔和向内曲。

塔平面亦呈正方，四瓣仰莲托覆钵、莲瓣及宝瓶、宝珠等，外观简单稳重，表现朴实大方的风格。

塔底有拱形券洞，玄奘的泥塑像在龛内供奉。

在玄奘塔左右各有一座相对矮小的砖塔，是玄奘两位著名弟子窥基和圆测的灵塔。

五、宋辽夏金元建筑

从晚唐开始，中国又进入三百多年的分裂战乱时期，先是后梁、后唐、后晋、后汉、后周五个朝代的更替和十个地方政权的割据，接着又是宋与辽、金南北对峙，中国社会经济遭到巨大的破坏，建筑也从唐代的高峰上跌落下来，但由于商业、手工业的发展，城市布局、建筑技术与艺术，都有不少提高与突破。

宋朝是中国古建筑体系的大转变时期。宋朝建筑的规模尽管一般比唐朝小，但曲线柔和、形态细腻、装饰华丽，比唐朝建筑更为秀丽、绚烂而富于变化，出现了各种复杂形式的殿阁楼台。宋代建筑在结构与构造上十分成熟，有了十分完备的体系，掌握了寓装饰与结构为一体的建筑构造与造型技术，建筑细部的装修也趋于细密而繁缛。代表建筑有山西太原晋祠圣母殿、福建泉州清净寺、河北正定隆兴寺和浙江宁波保国寺等。其建筑特征是，屋顶的坡度增大，出檐不如前代深远，重要建

保国寺建于北宋大中祥符六年，位于浙江宁波的灵山。其面阔三间11.9米，进深四间13.35米，该殿是一件承唐启宋的重要建筑。

筑门窗多采用菱花隔扇，建筑风格渐趋柔和。

北宋崇宁二年（公元1103年），为了加强对宫殿、寺庙、官署、府第等官式建筑的管理，朝廷颁布并刊行了《营造法式》。这是一部有关建筑设计和施工的规范书，是一部完善的建筑技术专书。书中总结历代以来建筑技术的经验，制定了"以材为祖"的建筑模数制。对建筑的功限、料例也作了严密的限定，作为编制预算和施工组织的准绳。这部书的颁行，反映出中国古代建筑到了宋代，在工程技术与施工管理方面已达到了一个新的历史水平。

宋代的城市不同于唐代城市，已经没有了封闭的里坊与市场，也取消了宵禁制度。宋代都城汴梁城（今河南开封）演变为临街设店、按行成街的布局，完全呈现出一座商业城市的面貌，城市街道比较狭窄，有密集的临街商铺。由于人口较多，建筑密度较大，经常失火，因此城内出现了城市消防系统，如专设的望火楼，在街坊中有军巡铺，铺内置有防火、救火的铁铲、铁钩，一旦发生火灾，军巡铺出动救火，不劳百姓。

辽代时曾在今北京城西南建辽南京城，宫殿位于城内的西南部分。金代在辽的基础上进一步扩展了城市规模，

图中是《清明上河图》的局部，表现的是北宋汴梁城门和城楼，城楼建于平台上，四周环以斗子蜀柱栏杆。

浑源圆觉寺塔位于山西浑源城内，建于金正隆三年，为密檐式砖塔，9层，高30米。此塔的顶层突然拔高，并在塔身上做出16个单层小塔，造型与众不同。

建立了金中都城，宫城位于城中央，略呈与宋汴梁相似的内外三套方城制度。

宋代的砖石建筑水平不断提高，这时的砖石建筑主要是佛塔和桥梁。浙江杭州灵隐寺塔、河南开封繁塔及河北赵县的永通桥等均是宋代砖石建筑的典范。

在园林建设上，宋代改变了汉唐时期大型真山真水式的园林风格，更加注重意境的园林在这一时期开始兴起，规模也大大缩小，园林内以山水景观与亭台楼榭为主。此时，假山的用材与施工技术均达到了很高的水平。宋徽宗建造的东京的艮岳是在平地上以大型人工假山来仿创中华大地山川之优美的范例，也是写意山水园的代表作。艮岳主山寿山，岗连阜属，西延为平夷之岭；有瀑布、溪涧、池沼形成的水系。在这样一个山水兼胜的境域中，树木花草群植成景，亭台楼阁因势布列。汴梁城西侧的皇家园林琼林苑与金明池，苏舜钦的沧浪亭和司马光的独乐园也是典型之作。

在装修方面，这时期建筑上大量使用可开启的、棂条组合极为丰富的门窗，与唐、辽建筑的板门、直棂窗相比，不仅改变了建筑的外貌，而且改善了室内的通风和采光。

佛光寺内的文殊殿建于金天会十五年，其为现存金代重要的悬山式建筑实例。文殊殿最显著的特点是采用大跨度木构梁架的创造性做法，展示了古代匠人精湛的技能。

房屋下部的须弥座和佛殿内部的佛座多为石造，构图丰富多彩，雕刻也很精美。柱础的形式与雕刻趋向于多样化。柱子除圆形、方形、八角形外，还出现了瓜楞柱，且大量使用石柱，柱的表面往往镂刻各种花纹。同时，室内空间加大，给人以开朗明快的感觉。屋顶上或全部覆以琉璃瓦，或用琉璃瓦与青瓦相配合成为剪边式屋顶。彩画和装饰的比例、构图和色彩都取得了一定的艺术效果，因而给人以柔和而灿烂的印象。

　　宋代建筑大量使用油漆，由于印度佛教的影响，建筑颜色突出为红色。宋代喜欢稳而单纯、清淡高雅的色调，

　　繁塔位于河南开封市东南郊，塔身设平座，腰檐，用斗拱承托，上面镶嵌着数十种佛像砖雕，做工精细，为砖刻艺术中的精品。

永乐宫三清殿室内
做工精细的小木作藻井。

是受了儒家的理性主义和禅宗的哲理作基础的社会思想所致。

在陵园建筑上，北宋的陵寝制度大体上沿袭了唐初的制度，只是改变了汉唐预先营建寿陵的制度，北宋的陵寝都在皇帝死后才开始建造，而且全部工程必须在七个月内完成。因此，宋代的陵园规模不如唐代。此外，宋代改变了唐代后妃附葬帝陵不单独起陵的制度，而恢复了汉代的规制，后妃单独起陵园于帝陵的西南隅，但规模较小，除太祖庄怀皇后潘氏有陵号"保泰"外，其他后陵都没有陵号。

位于巩县的宋陵形制均坐北朝南，呈正方形，各陵尺度和墓前石刻数目整齐划一。墓室上建造方形三层陵台，每门各有石狮一对。由南门向北的神道两侧排列文武大臣和各种石像。陵园布局和唐陵一样分上宫和下宫，分别为谒拜祭祀和日常供奉起居的场所，所不同的是唐代下宫建筑在陵墓南面偏西处，而宋代建筑在陵墓北面偏西处。

宋代建造陵墓讲究相风水、堪舆（看风水），流行"五音姓利"的说法，把姓氏归于古代五音，再按音选定吉利的方位。比如宋代皇帝姓赵，属于"角"音，利于丙壬方位（北方偏西的方位）。

公元 10 世纪初到 14 世纪，中国北方诸民族纷争崛起，在汉族文化的影响下，加速了封建化过程。同时又以他们新兴的军事优势，取得了一部分或全部的统治权，其中契丹族建立了"辽"，党项族建立了"西夏"，女真族建立了

"金"。这些入室中原的北方少数民族，在陵寝制度上，吸收了汉族传统文化，同时还保留了许多民族特色和习俗，是中国陵寝制度史上的重要一页。

辽现存的陵园有两处，一是辽祖州城西的辽祖陵，一是辽庆州城北的辽庆陵。辽葬制的主要形式为石棺葬。石棺内的尸体套有铜丝网罩，死者服饰皆为左衽、捍腰、套裤，显示了辽游牧民族马上生活的特点。例如位于内蒙古巴林左旗林东镇的辽太祖陵，一道宽约七十米的山口为陵园的

岳飞墓现占地 23.5 亩，建筑面积 2793 平方米，总体布局上可分为墓园区、忠烈祠区和启忠祠区三大部分。墓园区位于这组建筑群的西南部，岳飞墓坐西朝东，左前侧附岳云墓，墓道两侧列明代遗留下来的石像生，石阶下墓阙两侧面墓面跪诬害岳飞的秦桧等四奸铁像。出墓阙有陵园，甬道尽头为"尽忠报国"照壁，南、北两侧各有碑廊一列。

天然门户，两旁是悬崖峭壁，入园门便是四面环山的绝谷。谷内林木参天，清泉漫流，景色佳绝。辽太祖陵墓就坐落在山谷西边的高地上。祖陵原地面建筑十分宏丽，但在金代曾经遭受破坏。现在陵园四周散布着砖瓦、碑石块等。地宫墙身遗迹已暴露地面，享殿略有遗存。在丛林涧沟中还有一具石翁仲，其头部和右臂残缺，身穿箭袖窄袍，腰束带，中结双纽，两手交叉，左手握住右腕，背脊拖出一条长辫，表情自然，衣纹流畅，其雕刻艺术在中原传统文化的基础上明显地带有契丹民族的古朴风格。

西夏的陵园坐落在宁夏银川西部贺兰山麓，共有九座帝陵和七十多座贵戚、功臣陪葬墓。由于西夏李氏贵族与唐宋政权交往频繁，深受汉族文化的影响，陵园平面仿照宋代大建筑群，强调中轴线左右对称的格式，以象征西夏统治权威。陵园还体现了西夏文化独特的葬制，其表现为墓道底部铺设横木，道口用原木和木板封闭，墓壁建筑有护墙板，以及墓室前有多层宝塔式陵台建筑等。另外，西夏王陵还有一些不同于宋陵的独特风格：宋陵是单城呈正方形，而西夏陵是重城呈长方形；宋陵灵台就是墓室，而西夏陵的灵台位置在墓室前，并非起灵台的封土标志，而是一个高达二十余米的塔式楼阁建筑；西夏陵园内没有附葬的后陵。

西夏王陵每个陵园都是独立完整的建筑群体，占地都在十万平方米以上。四角建有角楼标志陵园界址，由南往北排列有门阙、碑亭、外城、石像生、内城、献殿和灵台。雕龙栏杆、莲花柱础、琉璃兽石勾头、兽面和花卉滴水、白瓷板瓦等建筑材料的大量使用，反映出西夏王陵陵园建筑的宏伟和华丽。虽然西夏著字院推行篆书，但汉字仍在民间和官府通用，这种情况在陵寝制度中也得到反映。例如仁宗赵仁孝的寿陵碑亭遗址有东西两处，东碑亭为汉文楷书，书法遒劲，刻工娴熟，西碑亭为西夏篆书，两种文字并用，说明中原与西夏在政治、经济方面联系密切和文化交融的历史事实。

女真族建立的金朝，最初活动在黑龙江境内的阿什河流域，随着金政治、军事势力的南下，在中都（北京）大房山营建山陵，以后金代帝王均葬于此，现存帝陵遗址十七座。金陵陵园规模宏伟，气势非凡，琉璃瓦殿堂楼阁鳞次栉比，汉白玉的石碑以及高大的石像生错落在苍松古柏之中。可惜明代以后，大房山金陵连遭兵毁，清代虽经修缮，但已不复原貌，又被兵匪多次盗掘，现已

西夏王陵始建于公元1038年，陵区东西宽约4.5公里，南北长约10公里。陵区内按照昭穆制分成东西两行排列帝陵，还发现有70余座陪葬墓。

成为一片废墟。

元代（公元1206—1368年）的中国是一个由蒙古族统治者建立的疆域广大的军事帝国，这一时期中国经济、文化发展缓慢，建筑发展也基本处于凋敝状态。元代建筑一度受到外来工匠的影响，并以北方工匠为主，其建筑结构多大胆粗犷，艺术风格也狂放不羁。

由于元朝统治者崇信宗教，尤其是藏传佛教，这时宗教建筑相当发达，从西藏到大都建造了很多喇嘛教寺院和塔，带来了一些新的装饰题材与雕塑、壁画的新手法。过街塔是喇嘛教的另一种建筑类型，以北京的云台最为著名。在云台的券石上和券洞的内壁，刻有天神、金翅鸟、龙、云等喇嘛教纹样及六种文字的经文。这些雕刻都是高浮雕，人物的姿态和神情雄劲，各种图案有着生动跳跃的热烈气氛，与汉族传统风格不同，是元代雕刻中的优秀作品。喇嘛教的雕刻题材和手法给予明清建筑艺术不少影响，尤其是对官式建筑影响较大。

蒙古人是游牧民族，主要以移动的帐殿与毡帐为房屋。随着蒙古人的崛起，他们也开始建造具有定居性质的都城与宫殿。在入主中原之前，蒙古人曾建有都城哈剌和林。城内的西南部分，是蒙古大汗的宫殿。后来，又建造了位于内蒙古的上都

华严寺位于山西大同，为辽代皇家寺院，该寺被分为上寺和下寺，上寺以金代重建的大殿为中心，下寺以辽代华严寺的薄伽教藏殿为中心。

城。随着蒙古统一中国，元统治者在原金中都的东郊离宫万安宫及其山水环境的基础上，营造了元大都城。大都是自唐长安城以来又一个规模巨大、规划完整的都城。明清两朝皇城的规模就是以它为基础的。元大都将金代离宫中的大面积山水环境括入城市中，滨水营造了宫城与皇城。并以宫殿的中轴线为城市的中轴线，形成了与《周礼·考工记》中的王城规划思想最为接近的"左祖右社，面朝后市"的空间格局。在皇城以

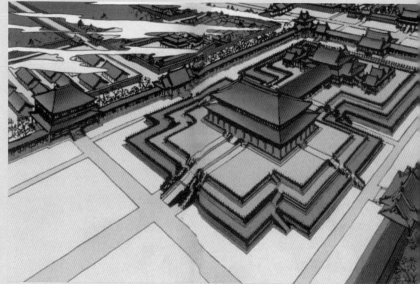

元代大明殿建于三层工字形汉白玉台基之上，其望柱、须弥座上布满雕刻，工艺精湛。

北，海子（北方对湖的称呼）以东，设立了中心阁与中心台，形成了全城的几何中心，从而确定了大都城的平面格局。

元大都城的宫殿分大内宫殿、供太后居住的隆福宫，和供太子居住的兴圣宫。三组宫殿建筑群，围绕着海子与太液池，形成优美的山水宫苑环境。皇城以北仍留有大片水面，与通惠河相连，供南北商船聚集交易。

元代大内宫殿分为前后两部分，前部为大明殿，是天子举行登基、正旦等大型礼仪的正殿；后部为延春阁，是天子与后妃起居的后宫。两组建筑均为"工字殿"形的平面格局。殿两旁还有附属的殿堂。宫殿内使用方形石柱，及经过打磨的石地面，并铺有地毯，或挂有壁毯。大内宫殿的后部建有浴池、戏楼等建筑。宫城之后为皇家御苑，西临太液池。

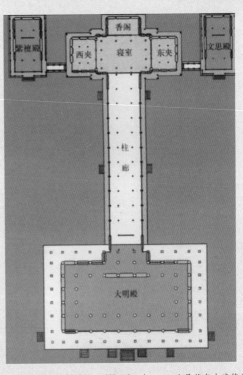

这是著名古建筑学家复原设计的元大都官殿主殿大明殿，从图中可以看到，大明殿是一组工字殿，前殿后楼，楼后出香阁。

兴圣宫内建有对称格局的园林，以环绕方形水池对称布置成十字脊殿、棕毛殿、畏吾尔殿等，点缀以蒙古人喜欢的白琉璃瓦顶，创造出一种具有异域风格的园林景观。蒙古人尚白，除了在宫殿中使用白琉璃瓦屋顶外，还建造了尺度宏伟的妙应寺白塔，与其东边的宫苑山水相辉映，形成独具特色的元大都城市景观。

另外，元代城市进一步发展了各行各业的作坊、店铺和戏台、酒楼等娱乐性建筑。

总而言之，宋代的建筑风格虽不再有唐代的雄浑、阳刚之美，却创造出了一种符合自己时代气质的阴柔之美，

崇福寺内的弥陀殿
建于金代，面阔七间，
进深四间，歇山屋顶。

建筑造型更加多样。辽早期从唐和五代各国掠走很多汉人工
匠，因而其建筑在风格上受唐代建筑影响很深，在细部上则
带有五代时期的一些特征，风格雄壮。宋兴起后，辽中晚
期的建筑又受到宋代建筑的影响，但与宋代建筑相比，辽
代建筑显得古拙而粗犷。西夏建筑则同时受到西域建筑和
汉族建筑的影响，别具特色。金代建筑在宋代建筑的基础
上发展起来，更多地继承了北宋建筑繁缛、纤细的特点，

崇福寺弥陀殿外檐
窗格做工精细，纹样有
三角纹、古钱纹等11
种之多。

装饰上比较精密细腻。如山西应县净土寺藻井，山西朔州崇福寺金代大殿的殿门，都是十分精密细巧的金代装饰。其宫殿建筑大量使用黄琉璃瓦和红宫墙，创造出一种金碧辉煌的艺术效果，对以后各代的同类建筑影响深远。此外，金代木构建筑的移柱、减柱等扩大室内空间的结构变革也愈演愈烈。元代由于领土广阔以及宗教信仰和民族风俗等因素影响，产生了一些新的建筑类型，如喇嘛塔、盔形屋顶等。汉族固有的建筑形式和技术在元代也有所变化，如在官式木构建筑上直接使用未经加工的木料等，使元代建筑有一种潦草直率和粗犷豪放的独特风格。

五代陵墓

五代即后梁、后唐、后晋、后汉、后周，是中国历史上一个分裂割据的时期。由于军阀混战，政权更迭频繁，五代前后七十多年共有十三个皇帝，死于非命的就有八个。所以，这个时期在陵寝制度上基本没有建树，陵寝建筑也所剩无几。中原唯一保存下来的一座较为完整的陵墓群是位于河南新郑县城北郭店的后周皇陵，包括后周太祖郭威的嵩陵、世宗柴荣的庆陵和恭帝柴宗训的懿陵。

后周皇陵是封土的陵冢，三冢并立。嵩陵在郭店南的同家庄，陵园规置简约，有石柱、石人、石兽。据《旧五代史》载：郭威临终前谓柴荣曰："我若不起此疾，汝即速治山陵，不得久留殿内。陵所务从简素，应缘山陵，役力人匠，并须和雇，不计远近，不得差配百姓。"

懿陵在庆陵之侧。因恭帝被宋降封为郑王，死后又由湖北归葬此地，故陵冢较小，仅高4米，周长40米，实际与庆陵为同一陵园。

十国陵墓

与五代的纷乱局面相比，十国中较为偏安的是南唐、前蜀和吴越。南唐建都金陵（今江苏南京），据长江天险，成为五代十国时期封建文化制度较为完备的地方。前蜀建都于位于长江支游的四川成都。吴越以杭州为都。

南唐最重要的是南唐烈祖李昪的钦陵和他的儿子李璟的顺陵，位于江苏南

南唐二陵墓室内墙上有仿木构装饰，并画有彩画。

南唐二陵位于江苏江宁县牛首山，二陵相隔仅50米。此二陵埋葬的是李煜的父亲和兄长，结构为中、前、后三进墓室配以若干耳室。

京南郊的牛首山下。这两个陵相互毗邻，东依红山，北靠白山，西临山谷，南面是开阔的山坡地。

钦陵和顺陵均封土为陵，陵冢呈圆形，当地百姓称作"太子墩"。顺陵位于钦陵西北，相距五十余米，其北、西面都与山麓相连，隆起不甚显著。二陵的陵园原地面建筑，今均已无存。近年来，在陵园地面废墟上，曾挖掘出精工雕镂的柱础石，可见当时地面建筑的宏丽。钦陵有前、中、后三室，室顶和四面全用青砖叠砌成穹隆状，各室之间有短过道相连。中室放置棺椁，装饰比较讲究。中室和东西便房柱都用石灰粉饰，上面绘满艳丽的牡丹花纹，四壁涂以朱彩。北面壁顶上还横着双龙夺珠和头戴盔胄、身披细甲、手持长剑、足踏祥云的大型武士浮雕像。今浮雕像还残留有敷金涂彩的痕迹。由此可见，当年地宫建筑十分豪华。顺陵虽与钦陵形制略同，但墓内的结构装饰和绘画艺术已失去南唐初年雄伟富丽的气魄，反映了这位没落君主"手卷真珠上玉钩，依前吞恨锁重楼，风里落花谁是主，思悠悠"的政治生涯。

前蜀高祖王建永陵，位于四川成都西门外的金河岸边，也就是人们一直所称的"抚琴台"，相传是西汉风流才子司马相如抚琴之处。永陵封土为陵，呈圆形。墓室坐北朝南，分为前、中、后三室，每室都有木门间隔。中室面积比较大，是全墓的主体部分。王建的石棺床在中室的中央，床上有玉板台阶三层，棺椁停放在台阶之上。石棺床的东、西、南三面有二十多幅石刻画，内容为二十多名乐伎弹、跳、吹、击演奏伴舞的形象，是这一时期灿烂的艺术珍品。永陵规模宏大，气势不凡，在五代十国的帝王陵墓中是罕见的。

20世纪70年代初，成都某乡的农民修屋时，在离永陵三百多米的地方挖出一尊石人，可能是永陵园之物。石人完好无缺，用整块青石雕琢而成，重达四千多公斤。他头戴素冠，身佩长剑，造型生动，线条古朴粗犷。帝陵前设置如此高大的石像，在五代十国时期极为罕见，反映了前蜀经济、文化发展的情况。

吴越钱元瓘墓，在浙江杭州玉皇山下。钱元瓘谥文穆，是十国中吴越第二个君主，好儒学，善为诗。据记载，

永陵建于地外，墓室分前、中、后三室，砖石拱券结构。其最大的特色是墓室由10个平面呈凸字形的肋形拱券支撑，结构坚固。

杭州大火，宫室焚烧殆尽，元鹳惊惧病狂而卒，葬在玉皇山下。钱元鹳墓为石冢。由于坟早年曾经被破坏，随葬的器物出土很少，但是在其墓室后的顶部发现了珍贵的石刻星象图，它比世界公认的南宋年间的苏州石刻星象图早了三百多年，而且图的面积整整大了四倍，比较准确地刻画了二十八宿星辰的位置。

北宋八陵

巩县在河南郑州、洛阳之间，南望嵩山少室，北临黄河天险，蜿蜒阻隔，东为巍峨挺拔、群山绵延的青龙山，洛水东西横贯全县，自古以来就被风水先生视为"山高水来"的吉祥之地。所以在尤其讲究风水的北宋，除徽宗、钦宗皇帝外全部安葬在这里，统称"巩县八陵"。

陵园四周柏树成林，纵横如织，故有"柏城"之称。宋时每陵还设有专门负责培育柏苗、种植柏林的"柏子户"。而今，柏树已不复见。陵园布局统一，正中为陵台，象征着帝王的丰业和尊严。陵台之下为皇堂，是安放皇帝棺椁的地宫，全部用条石镶砌。整个布局给人以方正端庄森严的感觉。陵台到神墙南门中间的空地为献殿的遗址，是举行祭祀大典的地方。可惜诸陵献殿建筑全部毁于元朝。据说，嵩山中岳庙大殿前的铺地石，就取之于这里。

从陵台南神门，神道两侧排列有整齐对仗的精湛石雕，由北往南有：一、宫人与内侍石雕各一对。侍立于南神门西侧的为宫人，眉目细长，双肩消瘦，束发簪珥，拱手而立，女性的特征惟妙惟肖。内侍立于陵台左右，体态微胖，神情拘谨，手持体现他们身份的球仗和拂尘。二、四门石狮各一对。其中尤以神宗永裕陵南门石狮雕像最为精美。三、武士雕像一对。为神道两侧立像的排头兵，虽然历经一千多年的风雨剥蚀，但雕像甲胄的纹饰仍然细腻传神。四、文武朝臣雕像各二对。文臣持笏，武臣挂剑，恭立神道两旁，象征着宫廷百官朝仪。五、蕃使雕像各三对。蕃使为参加北宋皇帝葬礼的少数民族政权代表。蕃使刻像于帝陵之前，始见于唐太宗昭陵，是中原王朝同周边各少数民族政权的政治、经济联系的反映。北宋后期，尽管民族矛盾激化，帝陵仍立蕃使像于神道两侧与文武朝臣同列恭候，除了不改帝陵规置的原因外，还象征着各少数民族政权要臣服于大宋皇朝之意。六、石虎、石羊各二对。虎是尊严与高贵的标志。羊个性柔顺，形态淑美。自汉晋以来帝陵之前常置石虎、石羊为辟邪之物。此外，还有仗马与控马官石雕二对，角端石雕一对，瑞禽石刻一对，石象与驯象人石雕一对，望柱一对，望柱类同华表，是意求吉祥的柱型石雕。乳台一对，象征着子孙发达、繁衍万世、吉祥如意。

北宋国家权力高度集中于皇帝，这就给后妃参与政事提供了方便条件。刘皇后临朝听政长达十一年，死后谥"庄宪明肃"，史无前例。在这之后宋代的其他皇后，谥号都由以前的两个字增加到四个字，反映了皇后的政治地位在封建礼法上得到了承认。北宋后妃政治地位的提高，反映在陵寝制度上，表现为皇后单独起陵。在巩县共有二十一个后陵，建制和帝陵相同，仅仅是规模略逊。

北宋灭亡之后，巩县八陵都遭到了破坏。据传，有一次刘豫从士兵手中得到一只水晶宝碗，盘查出是出自于哲宗的永泰陵，于是组织了"河南淘沙队"，就是皇陵的盗掘队。永泰陵被掘开后，珍宝被洗劫一空，尸骨暴露在外。从此不仅北宋诸陵被挖掘殆尽，甚至连民间冢墓也无一幸免。金灭亡后，元朝控制北宋陵区后，一切地面建筑除石雕外都被"尽犁为墟"，不能不让人心生"南朝还有伤心处，九庙春风尽一犁"之感慨。

南宋六陵

"山外青山楼外楼，西湖歌舞几时休。暖风熏得游人醉，直把杭州作汴州。"这首诗将北宋亡国之君所建的偏安王朝——南宋的苟且偷安，朝政腐败讽刺得淋漓尽致。

南宋九个皇帝中有六个都葬在绍兴，后人称为"攒宫"。南宋的陵园建筑大体沿袭北宋，但是规模远远不如巩县宋陵，既没有高崇的陵台，也没有神道两侧制作精美的石雕，加上千百年来的破坏，现在陵区已经荒烟蔓草了。原有的诸陵只剩下几个土墩头和明代以后所立的碑石，刻有帝名和陵名。

元世祖的时候，江南释教总摄西僧杨琏真伽与演福寺僧允泽等人在宰相桑哥的支持下，率领部众蜂拥到陵前，陵使竭力抗争，不让他们开陵，允泽拔刀相逼，陵使无奈大哭而去。盗贼们打开理宗的棺盖时，一股白气冲出，只见理宗安卧如睡，珠光宝气，萦绕其身。棺中的宝物被抢劫一空后，歹徒又把理宗的尸体倒挂，撬走口内含的夜明珠，沥取腹内的水银。据史料记载，他们得到"马乌玉笔箱"、"铜凉拨锈管"、"交加白齿梳"、"香骨案"、"伏虎枕"、"穿云琴"、"金猫睛"、"鱼影琼扇柄"等诸多珍宝，使南宋六陵遭到了最大的一次洗劫。

成吉思汗陵

据史料记载，蒙古贵族实行秘密潜埋习俗，死后不起坟，埋葬之后"以马揉之使平"，然后在这片墓地上，当着母骆驼的面，把子骆驼杀死，淋血在地上，再派千骑士兵守护。到来年的春天，草生长茂盛之后，士兵迁帐撤走。如果皇室要祭祀，就拉着那只母骆驼引路，但见母骆驼悲鸣之处，就算是墓地了。由于墓地上无任何标志，也就无法辨认灵柩的真正所在地点了。

成吉思汗的陵园坐落在内蒙古伊金霍洛旗阿腾席连镇

成吉思汗陵的主体是由三个蒙古包式的官殿一字排开构成。三个殿之间有走廊连接，在三个蒙古包式官殿的圆顶上部有用蓝色琉璃瓦砌成的云头花，即是蒙古民族所崇尚的颜色和图案。

东南面的敖包上。陵墓呈蒙古包式的大殿，雍容大方，巍峨耸立，分外壮观。成吉思汗陵园，别名"八白室"，顾名思义由八间白色的建筑构成，建筑雄伟，具有浓郁的蒙古民族风格。主要建筑有正殿、东殿、西殿、后殿等，以殿廊将各殿连接。正殿是举行祭祀活动的中心，最为壮观。殿前有两根穿云旗杆，旗杆中间安放着一尊塔形香炉，上面缀满铜铃，轻风吹过，铃声清脆悦耳，余音袅袅。殿堂坐落在花斑绚丽的花岗岩石基座上，四周围有雕刻精细的玉石栏杆。殿顶呈蒙古包式的穹庐状，上面用蓝、黄两色琉璃瓦砌出浑厚典雅的云勾浪纹，八角飞檐下悬挂着"成吉思汗陵"五个蒙、汉文金色大字竖匾。殿堂内，成吉思汗巨幅画像悬挂正中央。他银须飘胸，目光灼灼，充分表现出当年的英武姿态。画像两侧竖立着银戈红缨长矛，前面是紫檀色的供桌，上面放着相传是成吉思汗使用过的马刀。殿堂四壁雕饰着山水草畜，地面铺着紫红色的地毯，使殿内气氛格外庄严肃穆。

相传，成吉思汗在率兵远征西夏时死于甘肃清水县。他临终前命令秘不发丧，以免涣散军心。诸将于是把他的灵柩运回蒙古安葬，为了不使外界知道他的死讯，诸将在途中"遇人尽杀之"。

为什么成吉思汗的灵柩安放在鄂尔多斯草原上呢？这里有一个神奇的传说：成吉思汗率蒙古军西征，路过鄂尔多斯草原的时候，见这里碧草茵茵，一望无际，洁白的羊群像天边的云朵，在草原深处飘浮，不时还有鸟鸣鹿奔。成吉思汗被这美丽的景色所陶醉，情不自禁地赞美说："这里是衰亡之朝复兴之方，太平盛邦久居之地，梅花幼鹿成长之所，白发老翁安息之乡。如果我死后就把我葬在这里吧！"说完将手中的马鞭投向草地。于是，成吉思汗死后，灵柩被运到当年所赞美过的伊金霍洛旗，隆重安葬。

蒙古族人民为了纪念这位贡献卓越的大汗，每年都要举行几次隆重的祭祀活动。其中最隆重的是每年农历三月十七日举行的"苏鲁锭"活动。"苏鲁锭"蒙语为"长矛"，象征着成吉思汗卓越的军事才能和赫赫武功。相传，有一次成吉思汗在土拉河战斗中被击败，当他跪下给神灵叩头求援时，天上飞来一杆又黑又大的苏鲁锭。他高兴万分正欲伸手去接，可是苏鲁锭却停在半空中，他连忙给神灵许愿，要用一千只绵羊祭奠，苏鲁锭才落下来。

以后蒙古人民一直保持了祭奠"苏鲁锭"的风俗。每年农历三月十七日，蒙古人民从四面八方云集而来，祭奠在悠扬的蒙古古典乐曲中开始，先向成吉思汗陵敬酒三巡，高声朗诵赞美成吉思汗的《出征歌》、《苏鲁锭歌》等，然后由主祭人率领大家进入正殿，跪在地毯上，向成吉思汗遗像举行参拜礼。

元大都

元大都南北7400米，东西6635米，是一座极为壮丽的城市。

元大都即今天的北京，位于华北平原北端，处于通向东北平原的要冲地带。"幽燕之地龙盘虎踞，形势雄伟，南控江淮，北控朔漠，且天子必居中，以受四方朝观。"战国时，这里已形成城市，辽代在此建陪都。金时依辽城向东、向南建造了金中都。元灭金后，至元世祖忽必烈时，以中都东北郊琼岛一带水面（今北海）为核心，建造新的宫殿，随后又建成了大都城。

元大都是以宫城、皇城为中心布置的。城的轮廓接近于方形，城市的中轴线就是宫城的中轴线。因为地势平坦，又是新建，所以道路系统规整砥直，成方格网。全城道路分为"干道"和"胡同"两类：干道宽约25米，胡同宽6—7米。胡同都是东西向，前后两条胡同间距约为50步，在两胡同间的地段上再划分住宅基地。这种有规律的街巷布置，和唐以前的里坊，形成两种不同的居住区处理方式。

元大都功能布局从《周礼》出发，三重套城、宫城居中、前朝后寝、左祖右社、面朝后市，形成向心拱卫政治中心的格局。其在空间艺术上的最大成就在于：有意识地组织全城的空间机理，突破了以往单纯解

图为今元大都城墙遗址，燕京八景之一的"蓟门烟树"。

释礼制、仅重视对政治礼仪轴线进行空间组织的情况。

元大都是自唐长安以后，平地起家新建的最大都城，它继承总结和发展了中国古代都城规划的优秀传统，并成为当时世界上规模最大，最宏伟壮观的城市之一。

艮　岳

艮岳是宋代的著名宫苑。艮为地处宫城东北隅之意。宋徽宗政和七年（公元1117年）兴工，宣和四年（公元1122年）竣工，初名万岁山，后改名艮岳、寿岳，或连称寿山艮岳，亦号华阳宫。1127年，金人攻陷汴京后被拆毁。

艮岳位于汴京（今河南开封）景龙门内以东，封丘门（安远门）内以西，东华门以北，景龙江以南，周长约6里，面积约为750亩。据记载，苑内峰峦崛起，冈连阜属，众山环列，仅中部为平地。其中东为艮岳，东西二岭有"介亭"、"麓云"、"半山"、"极

目"、"箫森"等五亭。南为寿山，两峰并峙，列嶂如屏，瀑布泻入雁池。西为"药寮"、"西庄"，再西为"万松岭"，岭畔有"倚翠楼"。艮岳与万松岭间自南往北为濯龙峡。中间平地凿成大方沼，沼水东出为"研池"，西流为"凤池"。此外因境设景，还有"绿萼华堂"、"巢云亭"等，寓意得道飞升的有"祈真磴"、"炼丹亭"、"碧虚洞天"等。苑中叠石、掇山的技巧，以及对于山石的审美趣味都有提高。苑中奇花异石取自南方民间，运输花石的船队称为"花石纲"。

艮岳突破秦汉以来宫苑"一池三山"的规范，把诗情画意移入园林，以典型、概括的山水创作为主题，在中国园林史上是一大转折。

金明池

北宋著名别苑，又名西池、教池，位于宋代东京顺天门外，遗址在今开封市城西的南郑门口村西北、土城村西南和吕庄以东和西蔡屯东南一带。金明池始建于五代后周显德四年（公元957年），原供演习水军之用。政和年间，宋徽宗于池内建殿宇，成为皇帝春游和观看水戏的地方。

金明池周长九里又三十步，池形方整，四周有围墙，门多座，西北角为进水口，池北后门外，即汴河西水门。正南门为棂星门，与琼林苑的宝津楼相对，门内彩楼对峙。在其门内自南岸至池中心，有一巨型拱桥——仙桥，长数百步，桥面宽阔，桥有三拱，"朱漆栏盾，下排雁柱"，中央隆起，如飞虹状，称为"骆驼虹"。桥尽处，建有一组殿堂，称为五殿，是皇帝游乐期间的起居处。北岸遥对五殿，建有一"奥屋"，又名龙奥，是停放大龙舟处。仙桥以北近东岸处，有面北的临水殿，是赐宴群臣的地方。每年三月初一至四月初八开放，允许百姓进入游览。沿岸"垂杨蘸水，烟草铺堤"，东岸临时搭盖彩棚，百姓在此看水戏。西岸环境幽静，游人多临岸垂钓。宋画《金明池夺标图》描绘了皇家园林内的赛船场景。北宋诗人梅尧臣、王安石和司马光等均有咏赞金明池的诗篇。

金明池园林风光明媚，建筑瑰丽，到明代还是"开封八景"之一，称为"金池过雨"。明崇祯十五年（公元1642年）大水后，池园湮没。

独乐寺

独乐寺位于天津蓟县城内西大街，占地 10500 平方米。始建于唐代，寺内的观音阁和山门重建于辽代，距今已有一千余年的历史，是国内现存最古老的木结构建筑之一。据说安禄山叛唐，就是在此处誓师，他喜独乐，故以"独乐"二字名寺。该寺由山门、观音阁和东西配殿组成。

独乐寺内的三门面阔 16.16 米，进深两间 8.62 米，庑殿屋顶，外形舒展。

门面阔三间，进深两间，为典型唐代风格，是我国现存最早的庑殿顶山门。山门上悬挂的"独乐寺"匾额

独乐寺山门后就是观音阁，它面阔五间 19.93 米，进深四间 14.04 米，歇山屋顶，斗拱硕大，出檐深远。

相传是明代严嵩所题。山门内有两尊辽代彩塑珍品，高大的天王塑像两旁，有俗称"哼""哈"二将守卫。山门台基之上立着粗大的木柱20根，4根角柱柱头微向内收，柱脚略出向外，是我国古代工匠创造的"侧脚"技法，作用是稳定结构，防止建筑外倾。每根柱头之上，累叠着许多形似"斗"的方木块和样子像长拱的曲木。这一组组木构件叫做"斗拱"。斗拱是我国古建筑所独具的特征，它不仅美化建筑，而且可以减少立柱和横梁之间的"切力"。斗拱之上是横梁，梁头承托着檩子，它们通过榫卯，有机地连接在一起，负荷建筑物的全部重量，这种框架式木结构，是我国古建筑称道于世的突出成就。山门屋顶作四面坡形，古称庑殿顶，坡面和缓微曲，檐角如翼如飞，造型别致优雅，这是我国古代建筑中的又一重要特点。独乐寺山门正脊的鸱尾，长长的尾巴翘转向内，犹如雉鸟飞翔，十分生动，是我国现存古建筑中年代最早的鸱尾实物。

观音阁是全寺的主建筑。阁下檐上高悬"观音之阁"匾额，相传为唐代李白所写。观音阁高23米，木质，面阔五间，进深四间，集我国木结构建筑之大成，是国内现存最早的木结构楼阁。它的突出特点是"斗拱"结构。上下檐的斗拱粗大雄伟，排列疏朗，起着承重作用。整个大阁的斗拱种类繁多，因位置和功能的需要不同，共采用了二十四种结构，和其他构件配合，组成一个优美统一的整体。观音阁看似只有两层，实际是三层——在上下层之间还夹着一个用腰檐和平坐栏杆围绕建成的暗层。阁内中央的须弥座上，有一座高达16.27米的观音菩萨像，是辽代泥塑艺术珍品，又是国内最大的观音塑像。观音像慈目低垂，面露微笑，亲近如在人间。为显示观音法力高强，塑造者在观音头顶上又塑出十个小观音，所以又有"十一面观音"之称。观音的两侧侍立着两尊菩萨，面目丰润，姿态优美。

观音阁除了拥有全国现存建筑时间最早的高层木结构楼阁、体量最大的泥塑菩萨像外，阁中还保存着十分珍贵的元代壁画。壁画高3.15米，长45.35米，总面积约140平方米。内容有人物，有山林，有云水。在人物中有罗汉，有天王，也有村镇市民。在世俗人物中，有的还戴着元代普遍使用的斗笠帽。据此，人们推断独乐寺观音阁的壁画初绘于元代，在明代

观音阁内的千手观音像在室内暗淡的光线下显得格外神秘庄严。

又重新绘制过。保存这么好，面积这么大的元代壁画，在全国极为罕见。在寺院内，还有长方形壁碑二十八块，横竖皆有，全部是清乾隆皇帝手书名家诗。

从辽代重修至今，在这一千多年中，独乐寺经过了无数次狂风暴雨的袭击，也经受了无数次大小地震的考验，依旧安然无恙，令许多古建筑专家都不得不啧啧称赞。

清净寺

清真寺是伊斯兰教寺院，也叫做清净寺或礼拜寺，我国现存最早的清真寺是福建泉州的清净寺。北宋时期，泉州是港口，各国的商人很多，据说穆罕默德有四个得意门徒，其中有两个在泉州一带传教，清净寺就是中外文化交流的见证。清净寺位于泉州市涂门街，始建于宋大中祥符二年（公元 1009 年），初名"圣友之

清净寺是我国现存最早、独具典型古阿拉伯伊斯兰教建筑风格、国内罕见的石结构清真古寺。

寺"。元至大三年（公元 1310 年），耶路撒冷人阿哈玛出资重修，以后又历经修建，但仍保留着创建时的风貌。

清净寺是仿照叙利亚大马士革伊斯兰教礼拜堂的形式建造的，全部用花岗石筑造，主要建筑有寺门、奉天坛、明善堂等。

寺门向南，高 20 米，宽 4.5 米，穹顶尖拱形，门洞有 10 多米长，上方有一个平台，平台四周砌有回字形的砖垛。早先，这个平台上建有一座望月楼和一座尖塔，后来毁于战火。门外壁最高处，有一列古阿拉伯文的《古兰经》石刻。

在寺门的西边是奉天坛，门顶为尖拱形，门楣上刻着古阿拉伯文字。曾经是面积很大的礼拜堂，如今只剩四面的石墙。南边的一面墙开了四个长方形的大窗，各窗之间，有六个尖拱形的壁龛，正中的大壁龛中，刻有七行古阿拉伯文字。两边墙的正中间，还有一个尖拱形的大壁龛，是伊斯兰教的阿訇讲经的讲经台。

奉天坛后为明善堂，是一座两进式中国风格的砖木结构建筑，大门两边是厢房，中间是天井，左右两边有走廊。

寺内保存有许多碑刻，有些碑文记载了宋代和元代修建这座寺宇的时间和经过，有的碑文还详细记载了当时宗教仪式和教徒的活动情况。

奉国寺

奉国寺有现存中国古代佛教寺院最古老、最大的大雄宝殿，世界最古老、最大、最精美的彩塑佛像群。建筑学家梁思成称辽代寺院为"千年国宝、无上国宝、罕有的宝物，奉国寺盖辽代佛殿最大者也"。文物专家杜仙州赞誉"奉国

奉国寺大殿是目前东北地区现存最古老的木构建筑。

大殿内的彩画以红、青、绿为主调，采用"五彩遍装"这种当时最高级的绘画类型表现。这七尊佛像前面各立二胁侍，场面庄严，为国内寺院所罕见。

寺大雄殿木构建筑，千年仍平直挺健，是我国建筑史一项极为光辉的成就。辽代七佛像高大庄严，权衡匀整，柔逸俊秀，神态慈祥，极为壮丽。梁架上飞天面相丰颐美悦，色调鲜明绚丽，是国内极为罕见的辽代建筑彩画实例"。主持过奉国寺维修工程的古建筑高级工程师杨烈，曾评价奉国寺大雄殿为"中国古代辽（宋）以前保存至今最为宏大和最为完整的单檐四阿顶木构建筑，建筑规模是中国第一大雄宝殿"。古建筑史学家曹汛说："大殿九间是佛教建筑顶了天的极限，奉国寺七佛殿九间，全国古刹千百座，独奉国寺大雄殿穷极伟丽。"

奉国寺，俗称大佛寺，坐落于辽宁锦州义县县城内，始建于辽开泰九年（公元1020年），是辽朝自称释迦牟尼转世的圣宗皇帝——耶律隆绪在母亲萧太后（萧绰）故里所建的皇家寺院。

奉国寺始建时规模宏大，金明昌三年（公元1192年）、元大德七年（公元1303年）碑刻记载："宝殿穹临，高堂双峙，隆楼杰阁，金碧辉焕，潭潭大厦，楹以千计。非独甲于东营，视佗郡亦为甲。宝殿崔嵬，俨居七佛，法堂宏敞，可纳千僧。飞楼曜日以高撑，危阁倚云而对峙。旁架长廊二百间，中塑一百贰拾贤圣。可谓天东胜事之甲。"

奉国寺现保存完好的有外山门（重建），内山门，牌坊，东西宫禅院，钟亭，碑亭，无量殿。辽代所建大雄殿是寺院主体建筑，面阔九间，通长55米，进深五间，通宽

33米，总高度24米，建筑面积1800多平方米，是中国古代木构建筑遗存最大者。"过去七佛"（毗婆尸、尸弃、毗舍浮、拘留孙、拘那含牟尼、迦叶、释迦牟尼）并列一堂，千年来仍然保存完好。辽代七佛塑像（高度均在9米以上），十四尊胁侍菩萨（高2.5米以上），两尊天王，二十一套石雕供器精美绝伦，殿内更有国内极为罕见的最古老的建筑彩画实例——梁架上的四十二幅辽代彩绘飞天，还有元、明两代所绘的精美壁画——十佛、八菩萨、十一面观音、十八罗汉，明代所塑国内唯一的男像倒坐观音（高3.8米），明代木雕韦驮，金、元、明、清各代所建碑记十七通，清代牌匾数十块，其中清乾隆五年所立：大雄殿（高3.1米，宽1.52米）、法轮天地、滋润山河（高2.8米，宽1.78米）是中国最大的透雕牌匾，被誉为中华名匾。

奉国寺集佛教、建筑、雕塑、绘画等艺术于一体，独具绝美天下的古代艺术品，被专家学者称为艺术珍品中的极品。

晋　祠

据《史记·晋世家》记载，周武王之子成王姬诵封同母弟叔虞于唐，称唐叔虞。叔虞的儿子燮，因封地境内有

献殿处处透露着建筑建构的自然之美。

晋水，改国号为晋。后人为了奉祀叔虞，在晋水源头建立了祠宇，称唐叔虞祠，也叫做晋祠。

宋太宗赵光义于太平兴国年间（公元976—983年），在晋祠大兴土木，修缮竣工时还刻碑记事。宋仁宗赵祯于天圣年间（公元1023—1032年），追封唐叔虞为汾东王，并为唐叔虞之母邑姜修建了规模宏大的圣母殿和鱼沼飞梁。此后，又铸造铁人、增建献殿、钟楼、鼓楼及水镜台等，这样，以圣母殿为主体的中轴线建筑物就次第告成。

中轴线最前端为水镜台，始建于明朝，是当时演戏的舞台。前部为单檐卷棚顶，后部为重檐歇山顶。除前面的较为宽敞的舞台外，其余三面均有明朗的走廊，建筑式样别致，慈禧太后曾照原样在颐和园也修建了一座。

从水镜台向西，有一条晋水的干渠——"智伯渠"，又名海清北河。相传春秋末期，晋国世卿智伯为了攻取赵襄子的采地，引汾、晋二水灌晋阳而开凿此渠。后人在旧渠的基础上加以修浚，成为灌溉田地的水渠。

圣母殿正前方有一方形水池，上面有一座木梁石柱十字形桥梁，此桥即是著名的"鱼沼飞梁"。

通过智伯渠上的合仙桥，便是金人台。金人台呈正方形，四角各立铁人一尊，每尊高两米有余。其中西南隅的一尊铸造于北宋绍圣四年（公元1097年），经历八百多年的雨雪风霜，迄今仍明亮不锈。

穿过对越坊及钟楼、鼓楼就到了献殿。此殿原为陈设祭品的场所，始建于金大定八年（公元1168年），面宽三间，深两间，梁架很有特色，只在四椽栿上放一层平梁，既简单省料，又轻巧坚固。殿的四周除中间前后开门之外，均筑坚厚的槛墙，上安直栅栏，使整个大殿形似凉亭，显得格外利落空敞。

献殿以西，是连接圣母殿的鱼沼飞梁。全沼为一方形水池，是晋水的第二泉源。池中立34根小八角形石柱，柱顶架斗拱和梁木承托着十字形桥面，就是飞梁。东西桥面长19.6米，宽5米，高出地面1.3米，西端分别与献殿和圣母殿相连接；南北桥面长19.5米，宽3.3米，两端下斜与地面相平。整个造型犹如展翅欲飞的大鸟，故称飞梁。净土宗信奉的阿弥陀经说佛国有七宝池八功德水的表征，鱼沼飞梁即取法于此。

在中轴线末端，是宏伟壮丽的圣母殿。圣母殿背靠悬瓮山，前临鱼沼，晋水的其他二泉——"难老"和"善利"分列左右。此殿是现在晋祠内最为古老的建筑。殿高约19米，重檐歇山顶，面宽七间，进深六间，平面布置几乎成方形。殿身四周围廊，前廊进深两间，廊下宽敞，是我国古代建筑中，殿周围廊现存的最早实例。殿周柱子略向内倾，四根角柱显著升高，使殿前檐曲线弧度很大。下翘的殿角与飞梁下折的两翼相互映衬，一起一伏，一张一弛，更显示出飞梁的巧妙和大殿的开阔。圣母殿采用"减柱法"

圣母殿和圣母殿前的献殿是晋祠中两座最重要的古建筑，圣母殿建于北宋天圣年间，为晋祠主殿。

营造，殿内外共减十六根柱子，以廊柱和檐柱承托殿顶屋架。"减柱法"的熟练使用，说明宋代在建筑上已进一步掌握了力学原理；斗拱和柱高的比例适当，避免了隋唐建筑中用料的浪费，在建筑式样上也更富于艺术性。我国的木结构建筑，经历了一个由隋唐的雄壮坚实到明清的华丽轻巧的发展过程，而宋代建筑正是这个过程中的重要环节，圣母殿是这个过程的代表作。

圣母殿在梁架结构上也有与众不同之处，如它减掉了正面三间的一排檐柱，使前廊净空深达两间，显得格外宽敞。

圣母殿内共有四十三尊泥塑彩绘人像，除龛内二小像系后补外，其余多为北宋原塑。主像圣母，即唐叔虞和周成王的母亲，周武王的妻子，姜子牙的女儿——邑姜，设在大殿正中的神龛内。邑姜屈膝盘坐在饰凤头的木靠椅上，凤冠蟒袍，霞帔珠璎，面目端庄，显示了统治者的尊贵和奢华。其余四十二尊或侍奉文印翰墨，或侍奉洒扫梳妆，或奉饮食，或侍起居以至奏乐歌舞等的侍从像对称地分列于龛外两侧，其中宦官像五尊，著男服的女官像四尊，侍女像共三十三尊。这些塑像造型生动，姿态自然，尤其是侍女像更是精品。这些侍女像身材适度，服饰美观大方，衣纹明快流畅。她们的年龄或老或少，面庞或圆润或清秀，神态或幽怨或天真，一个个性格鲜明，各具特色。这组塑像突破了神庙建筑中以塑造神佛为主的窠臼，真实地表现了被禁锢深宫受尽役使的侍从们的精神面貌。在技巧上，相当准确地掌握了人体的比例和解剖关系，手法纯熟，具有高度的艺术表现力，是我国古代雕塑艺术中的珍品。

晋祠有名的唐碑矗立在"贞观宝翰"亭中，碑文是唐太宗李世民于贞观二十年（公元 646 年）亲自撰写的，名为《晋祠之铭并序》，全碑共 1203 字，旨在通过歌颂宗周政治和唐叔虞建国的政策，以达到宣扬唐王朝的文治武功、巩固自己政权的目的。《晋祠之铭并序》书法飞逸洒脱，骨骼雄奇，笔力遒劲，是我国现存最早的一块行书碑。

祠区北侧有唐叔虞祠，分前后两院，颇为宽敞。前院四周有走廊，后院东西各有配殿三间，正北是唐叔虞，殿宽五间，进深四间，中间神龛内设唐叔虞塑像。神龛两侧有从别处移来的十二个塑像，多为女性，高度与真人相近。她们手持笛、琵琶、三弦、钹等不同乐器，似乎是一个完整的乐队。

整个建筑群虽然是不同时期建起来的，但集中在一起，布局紧凑，好像都服从于一个精巧的总体设计，既像庙观的院落，又像皇室的宫苑，并不显得杂乱无章和生拼硬凑，反映了我国古代劳动人民的独具匠心。

洛阳桥

洛阳桥原名万安桥，位于福建泉州东郊的洛阳江上，是我国现存最早的跨海梁式大石桥。宋代泉州太守蔡襄主持建桥工程，从北宋皇佑四年（公元 1053 年）至嘉祐四年（公元 1059 年），前后历七年之久，耗银 1400 万两，建成了这座跨江接海的大石桥。

桥全系花岗岩石砌筑，

洛阳桥造桥工程规模巨大，结构工艺技术高超，名震寰宇。

初建时桥长360丈，宽1.5丈，有武士造像分立两旁。建桥九百余年以来，先后修复十七次。现桥长731.29米，宽4.5米，高7.3米，有44座船形桥墩，645个扶栏，104只石狮，1座石亭，7座石塔。桥之中亭附近历代碑刻林立，有"万古安澜"等宋代摩崖石刻。桥北有昭惠庙、真身庵遗址。桥南有蔡襄祠，著名的蔡襄《万安桥记》宋碑，立于祠内，被誉为书法、记文、雕刻"三绝"。

洛阳桥是世界桥梁筏形基础的开端，也是中国建筑的国宝。

广济桥

广济桥又称湘子桥，位于广东潮州镇东，横跨韩江。始建于南宋乾道六年（公元1170年），潮州知军州事曾汪主持建西桥墩，于宝庆二年（公元1226年）完成。绍兴元年（公元1194年），知军州事沈崇禹主持东桥墩，到开禧二年（公元1206年）完成。全桥历时57年建成，全长515米，分东西两段，中间一段宽约百米，因水流湍急，未能架桥，只用小船摆渡，当时称济州桥。明宣德十年（公元1435年）重修，并增建五墩，称广济桥。正德年间，又增建一墩，总共24墩。桥墩用花岗石块砌成，中段用18艘梭船联成浮桥，能开能合，当大船、木排通过时，可以将浮桥中的浮船解开，让船只、木排通过，然后再将浮船归回原处，是中国也是世界上最早的一座开关活动式大石桥。广济桥上有望楼，为我国桥梁史上所仅见。

广济桥与赵州桥、洛阳桥、卢沟桥并称中国古代四大名桥，是中国桥梁建筑中的一份宝贵遗产。

卢沟桥

卢沟桥位于北京西南郊的永定河上，是一座联拱石桥。桥始建于金大定二十九年（公元1189年），成于明昌三年（公元1192年），元、明两代

卢沟桥每个望柱上都立有雕刻精美的石狮子，共485头。

曾经修缮，清康熙三十七年（公元1698年）重修建。桥全长212.2米，有11孔。各孔的净跨径和矢高均不相等，边孔小、中孔逐渐增大。全桥有10个墩，宽度为5.3米至7.25米不等。桥面两侧筑有石栏，柱高1.4米，各柱头上刻有石狮，或蹲、或伏，或大抚小，或小抱大，共计485头。石柱间嵌石栏板，高85厘米，桥两端各有华表、

卢沟桥位于北京西南郊宛平县，该桥为连续拱券结构，其身姿雄伟，为进出北京的门户。

御碑亭、碑刻等，桥畔两头还各筑有一座正方形的汉白玉碑亭，每根亭柱上的盘龙纹饰雕刻得极为精细。

　　卢沟桥以其精美的石刻艺术享誉于世，甚至意大利人马可·波罗的《马可·波罗行纪》一书，对这座桥也有详细的记载。1937年，七七事变在此发生，卢沟桥更成为具有历史意义的纪念性建筑物。

佑国寺塔

　　佑国寺塔坐落在河南开封东北角。因其塔身以褐色的琉璃瓦镶嵌而成，酷似铁色，故而俗称铁塔。铁塔原建于北宋年间的开宝寺内。

　　由于北宋历代的皇帝常来此游幸，遂以北宋开宝年号命名，故名开宝寺。寺院规模宏伟，殿堂林立，共有280区，设有福胜、上方、永安、能觉等

佑国寺塔保存完好，这座具有魅力的建筑是开封当之无愧的象征。

24禅院，并设立礼部贡院，在此考选全国的举子。

铁塔的前身原来是木塔，平面呈八角形，共十三层，高120米，传说是宋代的巨匠喻皓主持建造的。北宋庆历四年(公元1044年)木塔毁于雷火，皇祐元年（公元1049年）重新修建，即今之铁塔。清朝道光二十一年（公元1841年）黄河泛滥，水灌开封，寺院夷尽，唯有铁塔安然无恙，独存于世。

铁塔用二十八种不同标准的砖制构件拼砌而成。塔身外部砌筑仿木结构的门窗、柱子、斗拱、额坊、塔檐、平座等形式，飞檐翘角，造型秀丽挺拔。塔身的外壁镶嵌有色泽晶莹的琉璃雕砖，内容丰富多彩，有飞天、麒麟、游龙、雄狮、坐佛、立僧、伎乐、花草等五十多种图案，动物和人物造型栩栩如生，工艺精巧，是砖雕艺术中的精品。塔内有螺旋式磴道，将塔心柱和外壁紧密地联成一体，形成了坚固的抗震体系。九百多年来，铁塔历经无数次的地震、水患、兵火，至今仍自岿然不动，称得上是千古杰作。

释迦木塔

释迦木塔位于山西应县城内西北佛宫寺内，俗称应县木塔。应县原是辽国首都平城（今山西大同市）的近畿。塔是当时崇信佛教的统治者辽兴宗耶律宗真（公元1016—1055年）命令修建的，辽道宗清宁二年（公元1056年）落成，金明昌六年（公元1195年）增修完毕。历九百多年的风雨侵蚀、地震战火，至今仍保存完好，除其塔基牢固，结构谨严外，历代不断维修也是重要原因，这座当今世界上保存最完整、结构最奇巧，外形最壮观的高层木塔以其悠久的历史、独特的艺术风格和高超的建筑技术，散发着迷人的魅力。

木塔建造在4米高的台基上，塔高67.31米，底层直径30.27米，呈平面八角形。第一层立面重檐，以上各层均为单檐，共五层六檐，各层间夹设暗层，实为九层。因底层为重檐并有回廊，故塔的外观为六层屋檐。各层均用内、外两圈木柱支撑，每层外有二十四根柱子，内有八根，木柱之间使用了许多斜撑、梁、枋和短柱，组成不同方向的复梁式木架。有人

释迦木塔为楼阁式木塔，该塔是国内现存的唯一一座大型木结构塔，具有非常珍贵的历史价值。

计算，整个木塔共用红松木料 3000 立方，约 2600 多吨重。整体比例适当，建筑宏伟，艺术精巧，外形稳重庄严。

　　塔身底层南北各开一门。二层以上周设平座栏杆，每层装有木质楼梯。二至五层每层有四门，均设木隔扇，光线充足，可凭栏远眺。塔内各层均塑佛像。第一层为释迦牟尼，高 11 米，面目端庄，神态怡然，顶部有精美华丽的藻井，内槽墙壁上画有六幅如来佛像，门洞两侧壁上也绘有金刚、天王、弟子等，壁画色泽鲜艳，人物栩栩如生。二层坛座方形，上塑一佛二菩萨和二胁侍。三层坛座八角形，上塑四方佛。四层塑佛和阿难、迦叶、文殊、普贤像。五层塑毗卢舍那如来佛和八大菩萨。各佛像雕塑精细，各具情态，有较高的艺术价值。

塔顶作八角攒尖式，上立铁刹，制作精美，与塔协调，更使木塔宏伟壮观。塔每层檐下装有风铃，微风吹动，叮咚作响，十分悦耳。

释迦木塔结构严谨，具有卓越的抗震性能，是中国古代辉煌文明的纪念碑。

木塔的设计，大胆继承了汉、唐以来富有民族特点的重楼形式，充分利用传统建筑技巧，广泛采用斗拱结构，全塔共用斗拱五十四种，每个斗拱都有一定的组合形式，有的将梁、枋、柱结成一个整体，每层都形成了一个八边形中空结构层。科学严密，构造完美，巧夺天工，是一座既有民族风格、民族特点，又符合宗教要求的建筑，在我国古代建筑艺术中可以说达到了最高水平。

妙应寺白塔

至元八年（公元1271），由当时入住中国的尼泊尔著名建筑师阿尼哥（公元1244—1306年）参与设计，在大都城内阜成门建成了著名的藏传佛教（即喇嘛教）建筑——大圣寿万安寺，作为文武百官演习礼仪、做佛事的地方。

寺内设有忽必烈及其子真金的影堂，并建造了一座砖砌喇嘛塔。后来寺院毁于火，只剩下塔。明代重建，改名为妙应寺，塔因外涂白垩，俗称"妙应寺白塔"。

白塔初名释迦舍利灵通之塔，建在妙应寺的中轴线上，高 50.9 米，全部砖砌。塔顶是青铜制巨大宝盖，盖上有小铜塔，盖周垂挂流苏状的镂空铜片和铜铃，徐风吹来，叮当作响。塔顶为金色，塔身涂白垩，金白对比，在蓝天下交相辉映，显得崇高圣洁。

妙应寺白塔是中国早期喇嘛塔中最重要的实例，也是我国保存至今最早、最宏伟的藏传佛塔。

妙应寺白塔位于阜成门内大街，该塔造型雄伟，塔身宽厚，给人以庄严纯净的感觉。

六、明清建筑

明清两代距今最近，许多建筑佳作得以保留至今，如京城的宫殿、坛庙，京郊的园林，两朝的帝陵，江南的园林，遍及全国的佛教寺塔、道教宫观、民间住居、城垣建筑等，谱写了中国古代建筑史的又一光辉华章。

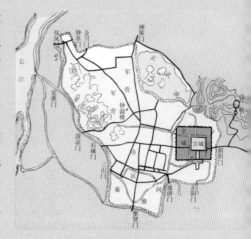

明南京城的规划特点概括起来就是因地制宜、分区明确、互不干扰。

在城市建设上，受封建礼教观念深刻影响，经济中心结构城市常借鉴政治中心结构城市空间组织方式，将它作为理想范本，然而城垣总是在经济最活跃的方位被突破。经济中心结构城市空间设计十分灵活，道路空间随街巷建筑性质不同灵活变化，或开或合、或收或放。城镇主空间围绕该城标志性地段展开，空间开放。一些商业及生活设施以小品形式出现于街头巷尾，成为地段重心，如井台、街亭。明清北京城、明南京城是明清城市最杰出的代表。

在陵墓建设方面，随着南方园林建筑艺术的发展，明代陵园建筑的艺术风格比较以前历代都有较大的突破，形成了由南向北、排列有序的相对集中的木结构建筑群。明成祖迁都北京以后的诸皇帝陵墓大都集中在北京的天寿山，

明南京城城门建有多重瓮城，城墙内有藏兵洞，极具防御性。

统称为"明十三陵",是明清帝陵中艺术成就最为突出者。明太祖朱元璋为了推崇皇权,恢复了预造寿陵的制度,并且对汉唐两宋时期的陵寝制度作了重大改革。首先,陵墓形制由唐宋时期的方形改为圆形,以适应南方多雨的地理气候,便于雨水下流

明南京城东临钟山,北临玄武湖,西至狮子山、清凉山西侧一线,南抵元旧城南线,周长34.3公里,规模宏大。其城墙高达宽厚,是当年全国各地奉旨特制的。

不致浸润墓穴。所以,这一时期非常讲究棺椁的密封和防腐措施,墓中的尸体一般都保存得比较好。其次,陵园建筑取消了下宫建筑,保留和扩展了谒拜祭奠的上宫建筑,相应也取消了陵寝中留居宫女以侍奉亡灵起居的制度。这是对陵寝制度的重大改革。它说明,随着社会的发展,陵寝中原始迷信的方式逐渐废止,更加突出了朝拜祭祀的仪式。

从明太祖朱元璋起就严禁后妃参政,这在葬制上体现为在明英宗以前,除皇后附葬帝陵以外,其他宫妃大多殉葬而死。据《李朝实录》记载:殉葬的那一天,殉者先要赴宴,宫内摆设宴席,这时哭声震天,她们被迫站在小木床上,将早已准备好的绳索套在脖子上,活活吊死,惨不忍睹。这种残酷的人殉制度,一直到明英宗后才被废除。

明代对陵寝的保护,比以前更加严密和制度化。比如图谋要毁山陵的,以"大逆"罪论,不分主谋从谋一律凌迟处死;偷盗大祀神中御用的祭器、帷帐等东西一律斩首;山陵内盗砍树木的斩首,家属发配充军。另外,明代专门设有神宫临军,专门掌管陵寝保卫,还设有一卫驻兵屯军保卫陵寝外部,真可谓壁垒森严。

清入关以后,十个皇帝,除末帝溥仪没有设陵外,其

定陵是明神宗万历皇帝的陵墓。其明楼前摆放的石供桌和礼器称为"五供"，是明清帝陵的定制。

他九个皇帝都分别在河北遵化县和易县修建规模宏大的陵园。由于两个陵园各距北京市区东、西一百里，故称"清东陵"和"清西陵"，是中国现存规模最大、保存最完整的帝王陵墓群，其巧夺天工的建筑艺术，是珍贵的历史文化遗产。

清东陵和清西陵在规制上基本沿袭明代，所不同的是陵冢上增设了月牙城。另外，明十三陵中，只有长陵有"圣德神功碑"，而清东、西二陵中则有数通。陵园的布局与明代相比也发展到更成熟的阶段，按照从南到北的顺序，都由石像生、大牌楼、大小石桥、龙凤门、小碑亭、神厨库、东西朝房、隆恩门、东西配殿、隆恩殿、琉璃门等大小建筑组成。每座帝陵附近一般都附有皇后和嫔妃的园寝。

明、清时期造园理论有了重要的发展，明末出现了吴江人计成所著的《园冶》一书，这一著作是明代江南一带造园艺术的总结。该书比较系统地论述了园林中的空间处理、叠山理水、园林建筑设计、树木花草的配置等许多具体的艺术手法。书中所提"因地制宜"、"虽由人作，宛自天开"等主张和造园手法，为我国的造园艺术提供了理论基础。

明清建筑的最大成就是在园林领域，帝王苑囿与私家园林总体布局有的是在自然山水的基础上加工改造，有的则是靠人工开凿兴建，建筑宏伟浑厚、色彩丰富、豪华富丽，形成中国历史上又一个造园高潮。皇家园林的鼎盛取决于两方面因素：一方面，这时的封建帝王全面接受了江南私家园林的审美趣味和造园理论，所以规模宏大的皇家园林多与离宫相结合，建于郊外，清代有若干皇帝不仅常年在园林或行宫中处理朝政，甚至还美其名曰"避喧听政"。另一方面，皇家造园追求宏大的气派和皇权的"普天之下莫非王土"，这就导致了"园中园"格局的定型。同时，出于整体宏大气势的考虑，势必要求安排一些体量巨大的单体建筑和组合丰富的建筑群，这样也往往将比较明确的轴线关系或主次分明的多条轴线关系带入到原本强调因山就势，巧若天成的造园理法中，这也就使皇家园林与私家园林判然有别。明代的江南私家园林和清代的北方皇家园林都是最具艺术

假山叠石是江南园林中的重要组成部分，通常多用太湖石作假山的山峰，太湖石以挺拔秀丽为优。

网师园位于苏州，清乾隆年间，广禄寺少卿宋宗元退休后筑园在此，面积仅9亩，居中的一泓池水为主景区，其中以"月到风来亭"最为精妙。网师园布局紧凑，是苏州园林中的精品。

性的古代建筑群。

明清宫苑，特别是清朝的园林，除继承了历代苑园的特点外，又有新的发展。它的特点是使用上的多功能，如听政、看戏、居住、休息、游园、读书、受贺、祈祷、念佛以及观赏和狩猎，栽植奇花异木等，如在著名的圆明园中，连做买卖的商业市街之景也设在其中，可以说是包罗了帝王的全部活动。还有一个特点是建造的数量大，特别是清朝，园林艺术装饰豪华、建筑尺度大、庄严，园林的布局多为园中有园。在有山有水的园林总体布局中，非常注重园林建筑起控制和主体作用，也注重景点的题名。

水面是江南园林的主景，曲桥常用来划分水面。

从艺术风格上讲，清代的造园艺术在继承传统的基础上又实现了一次飞跃，这个时期出现的名园如颐和园、北海、避暑山庄、圆明园，无论是在选址、立意、借景、山水构架的建筑布局与技术、假山工艺、植物布置，乃至园路的铺设都达到了

江南园林色彩简洁，墙为白色，木构件一般为黑色，墙与屋顶用黑瓦。白墙黑瓦的对比是江南园林建筑色彩的写真。

令人叹服的地步。颐和园堪称清代皇家园林之首，这一北山南水格局的皇家园林在仿创南方西湖、寄畅园和苏州水乡风貌的基础上，以大体量的建筑佛香阁及其主轴线控制全园，突出表现了"普天之下莫非王土"的意志。其真实的自然山水、宏阔的空间构图手法、娴熟的园林艺术技巧，和曲蜿的园林景观设计，成了中国古典园林文化与艺术的珍贵遗产。北海是继承"一池三山"传统而发展起来的。北海的琼华岛作为"蓬莱"仿建，所以，晨雾中的琼华岛时常给人以仙境之感受。避暑山庄是利用天然形胜，并以此为基础改建而成。因此，整个山庄的风格朴素典雅，其中山区部分的十多组园林建筑当属因山构室的典范。圆明园是在平地上，利用丰富的水源，挖池堆山，形成的复层山水结构的、集锦式皇家园林。此外，圆明园还首次引进了西方造园艺术与技术。

寄啸山庄位于扬州城，该园分为东中西三部分，其中中部凿有鱼池，池北建有水心亭，池周围环以两层回廊。

五台山是历史最悠久的佛教名山，有寺院76所，分为藏、汉两系。图中是五台山地区高50米的大白塔。

明、清时期，藏族和蒙古族的喇嘛教建筑在元代的基础上进一步发展。一时间，蒙、藏、甘、青等地广建喇嘛庙，仅承德一地就建有十一座。这些庙宇规模宏大，制作精美，造型多样，打破了原有寺庙建筑传统单一的程式化处理，创造了丰富多彩的建筑形式。寺院建筑由于有一些比较完整定性了的装饰手法，从而出现一些共同的艺术特点：墙很厚，收分很大，窗很小，建筑显得雄壮结实，檐口和墙身上大量的横向饰带，给人以多层的感觉。这些特点在艺术上增大了建筑的尺度感。在色彩和装饰上则采用了对比的手法，经堂和塔刷白色，佛寺刷红色，白墙面上用黑色窗框，红墙面上则主要用白色及棕色饰带。屋顶部分及饰带上重点点缀鎏金装饰，或用鎏金屋顶。这些装饰和色彩上的强烈对比，有助于突出宗教建筑的重要性。北京雍和宫和承德的一批藏传佛教寺庙为典型代表。

明、清时期的伊斯兰教建筑以维吾尔族的礼拜寺和玛扎为代表。维吾尔族建筑装饰的种类很多，最出色的是拼砖、石膏花饰、彩画和窗户棂条的组合，窗户棂条的组合多使用各种精巧的几何纹样，多种装饰的综合使用，形成了华丽细致的艺术气氛。

在装饰手法上，明清建筑在装饰上走向了成熟与程序化。出檐趋缩小，使出檐的深度，比实际出檐感觉略深，从而继续保持中国建筑屋顶部分的飘浮感。房屋的台座十分规范而精美，皇家建筑及寺庙建筑中，多用汉白玉台座与栏杆，辅以精美的雕刻，显得十分华美。屋顶的形式也趋于严谨而程序化，唐宋时期风格飘逸潇洒的厦两头造（类似于清代的歇山式）的屋顶形式，变成了规矩严谨的歇山屋顶，庑殿屋顶的曲线处理也更加柔和，硬山屋的大量建造顶，是明清时代砖石结构大量应用的结果，也丰富了建筑的造型形式。琉璃瓦件的规格与式样趋于程序化。琉璃瓦按规格分为"十样"，与不同的建筑规格与体量相配。在色彩上，除了简单的黄琉璃瓦、绿琉璃瓦外，还出现了黄瓦绿边，或绿瓦黄边，及在黄瓦上配绿心，绿瓦上配黄心等处理手法。还有蓝琉璃瓦、黑琉璃瓦等不同色彩的瓦件，使建筑物在外观上更趋多样。

图中是五台山显通寺铜亭，铜亭的建造方式是先铸造山各种铜制构件，然后再拼装组合而成。

概括起来说，由于明初立都南京，主要仰赖江南工匠，永乐移都北京，北京宫苑建设，也以南方工匠为主，因此明代建筑严谨、工丽、清秀、典雅，颇具江南艺术的风范。官式建筑高度标准化、定型化。砖的生产大量增加，琉璃瓦的数量及质量都超过过去任何朝代。房屋的主体部分，即经常可以得到日照的部分，一般用暖色，尤其爱用朱红色；格下阴影部分，则用绿蓝相配的冷色。这样，强调了阳光的温暖和阴影的阴凉，形成悦目的对比。在一般民用住宅建筑中，则多采用青灰色的砖墙瓦顶，梁枋门窗多采用本色木面，显得十分雅致。

明长城主要由砖石建造，极其坚固。它东起鸭绿江，西至嘉峪关，全长 14700 里，雄伟壮观。

中国建筑在清朝形成最后一种雍容大度，严谨典丽，机理清晰，而又富于人情趣味的成熟风格，其特点是，城市仍然规格方整，但城内封闭的里坊和市场变为开敞的街巷，商店临街，街市面貌生动活泼；城市中或近郊多有风景胜地，公共游览活动场所增多；重要的建筑完全定型化、规格化，但群体序列形式很多，手法很丰富；私家和皇家园林大量出现，造园艺术空前繁荣，造园手法最后成熟；民间建筑、少数民族地区建筑的质量和艺术水平普遍提高，形成了各地区、各民族多种风格。

明中都皇陵

中都皇陵，是朱元璋父母的陵墓，在安徽凤阳县明中都城西南方向。陵冢南有丘陵绵亘数百里，北临淮河滔滔东流去，东西二隅地势逐渐降低。皇陵头枕山峰，足登淮水，犹如仰卧在巨大的躺椅之中。

朱元璋的父母是安徽凤阳人，家境赤贫，没有土地，后来这个地区瘟疫流行，不到二十天，朱元璋的父母相继死去。因家贫没有钱买棺椁，所以朱元璋和他的兄长抬着父母的尸体草葬山莽。传说两人快到山麓的时候，突然电闪雷鸣，大雨滂沱，只好放下尸体避雨村寺。第二天拂晓，朱元璋与兄往视，见父母尸骸之上已是土堆高耸。朱元璋

嘉峪关是明代万里长城的重要军事据点，它扼守着进入关中腹地的要道。

称帝的第二年，就在他父母坟墓上修建皇陵，历时十年。

皇陵陵园前的神道石像雕体形高大，雕工精美，都是用巨大的青石细细雕琢而成的。其中的石马是群雕中的佳作，石马背负锦鞍，昂首嘶鸣，鬃毛飘动，形态逼真。据说，南来北往的马匹，远远望去总是挣脱缰绳跑到石马前欢跳，真可以以假乱真！

陵园里的石碑仅剩下"皇陵碑"和"无字碑"两通，都是龙首龟趺，气势壮观。皇陵碑的碑文是朱元璋亲自撰写的，叙述了他的家庭出身、本人经历以及参加起义军、东渡大江、建立明王朝的峥嵘历程。无字碑寓意朱元璋祖辈功德无量，难以用语词表达。今碑已断为三截。

明中都皇陵是明朝第一座帝王规模的陵墓，其豪华侈丽的规制继续了汉唐两宋的传统，开创了明清时代的风格，在中国古代陵寝制度史上占有重要地位。可惜陵园内建筑大部分已经毁于明末农民起义军的脚下。

明太祖孝陵

孝陵是明太祖朱元璋和马皇后的合葬陵，位于江苏南京紫金山独龙阜玩珠峰下。紫金山巍峨峻秀，从六朝以来就有"虎踞龙盘"之说。玩珠峰下泉壑幽深，紫气蒸腾，云气山色，朝夕多变。朱元璋登基不久，就选中这个风水宝地为陵址。

孝陵之名，取意于谥中的孝字，有"以孝治天下"之意，一说是马皇后谥"孝慈"，故名。洪武十六年（公元 1383 年）五月，孝陵建成。洪武三十一年（公元 1398 年）闰五月，朱元璋病逝，与马皇后合葬于此陵。明孝陵的附属工程一直延续到永乐三年（公元 1405 年）。

孝陵规模宏大，建筑雄伟，形制参照唐宋两代的陵墓而有所增益。陵占地长达 22.5 公里，围墙内享殿巍峨，楼阁壮丽，南朝七十所寺院有一半被围入禁苑之中。陵内植松十万株，养鹿千头，每头鹿颈间挂有"盗宰者抵死"的银牌。为了保卫孝陵，内设神宫监，外设孝陵卫，有五千到一万多军士日夜守卫。清康熙、乾隆帝南巡时，都曾亲往谒陵，还特设守陵监二员，四十陵户，拨给司香田若干。咸丰三年（公元1853 年）孝陵地区成为太平军和清军对峙的重

图为明孝陵全景，摄于 20 世纪初。

要战场，地面木结构建筑几乎全毁。现存建筑有神烈山碑、禁约碑、下马坊、大金门、四方城及神功圣德碑、石像翁仲、御河桥、陵门、碑亭、孝陵殿、大石桥、宝城、墓及清末所建碑亭、享殿等。

孝陵的入口处即下马坊，是一座二间柱的石牌坊，额坊上刻"诸司官员下马"六个楷书大字，谒陵的文武官员，到此必须下马步行。坊高约 9 米、中间宽约 6 米、额坊长约 6 米、高 1.28 米、厚约 0.32 米，曾毁坏成数块，倒置路旁，后来修复。坊旁有明崇祯十四年（公元 1641 年）立的禁约碑，重申严格保护孝陵的条例，违者立即处死。

明孝陵的原有建筑大多已仅存遗址，唯有方城、宝顶依然如故。

孝陵正门是大金门，然后到四方城，四周围墙形如壁垒。城内有一大石兽，昂首曳尾，宛然若生，背上驮"大明孝陵神功圣德碑"，碑文正楷，长达 2746 字，字大如拳，历述了明太祖一生的功德，是明成祖朱棣永乐三年（公元 1405 年）为其父朱

元璋所立的。碑通高8.84米，碑身高4.78米，宽2.24米，厚0.83米，是南京地区地面现存最大石碑。

在四方城的西北，过霹雳洞上的御河桥是神道，神道的两侧自东向西依次排列着十二对石兽：狮、獬豸、驼、象、麒麟、马，每种四只，两蹲两立，共十二对，逶迤绵延达一里多地。之后，神道又折向北，有华表一对在前，继而是巨大的石像四个，两武两文，威武雄壮，神态肃穆，线条粗率，简约生动，是明初石刻的重要作品。陵前还有四对石翁仲，体态高大，和石兽一起威然列队，长达一公里，

知识链接

孝陵的神道为何拐弯

　　孝陵的神道，由华表开始北拐，呈月牙形，半抱一座小山，名曰"孙陵岗"。神道转弯，这在帝王陵寝中是不多见的。孝陵的神道之所以绕过孙陵岗，是因为岗上有三国时孙权的陵墓。根据史籍记载，修陵时，有人曾建议将孙权墓迁走，但朱元璋未准，说："孙权也是条好汉子，留为门主。"这样，神道只好绕行而过。

　　明孝陵的第一部分是神道，包括大金门、擎天柱、文臣武将石像和棂星门。图中便是文臣武将石像。

象征着朱元璋生前拥有的仪仗和侍卫，有"石马嘶风翁仲立，犹疑子夜点朝班"之势。

孝陵殿位于御碑亭的后面，原来是重檐九楹，左右有庑，另有神宫监和具服殿、宰牲亭、燎炉、水井等设施，是孝陵的主要建筑之一。现存的享殿为光绪二十八年（公元1902年）在原址上重建的，但其规模大为缩小，殿中挂有明太祖的遗像。

孝陵的最后一重建筑是明楼，又称"方城"，全部用巨型的条石堆砌而成。明楼的楼顶已塌毁，现仅存四壁。其后为宝城，是一个直径约400米的圆形土丘，上植松柏，下为朱元璋和马皇后的墓穴。周围筑有高墙，条石基础，砖砌墙身。

明十三陵

明十三陵位于北京昌平县北十公里天寿山南麓，从明成祖朱棣选为陵址开始，一直到明朝灭亡，历经二百余年，陵园经过不断修建，成为一座规模宏大、建筑完美的明代最大的陵墓建筑群。陵区东、西、北三面群山耸立，重峦叠嶂，如拱似屏，南面为蟒山、虎峪山相峙扼守，气势磅礴的大宫门坐落在两山之间，为陵区的门户。整个陵区得天独厚，雄伟壮观，范围约四十多公里。

知识链接

明十三陵包括哪些

成祖朱棣的长陵
仁宗朱高炽的献陵
宣宗朱瞻基的景陵
英宗朱祁镇的裕陵
宪宗朱见深的茂陵
孝宗朱佑樘的泰陵
武宗朱厚照的康陵
世宗朱厚熜的永陵
穆宗朱载垕的昭陵
神宗朱翊钧的定陵
光宗朱常洛的庆陵
熹宗朱由校的德陵
思宗朱由检的思陵

明十三陵借助山之气势，营造出庄严肃穆的气氛。

明成祖朱棣的长陵是十三陵中规模最大、建筑最早、最具气势的帝陵。它建成于永乐十一年，为典型的明代皇陵。

整个十三陵陵区共用一条神道为引导，以后又在大红门外约 1300 米处增建气势宏大的石牌坊一座，前推了陵区起点。石牌坊为六柱五间十一楼形式。"楼"就是屋顶，五间上各一座，各间之间及全坊外侧也各一座，大小相间，高低错落，轮廓丰富，通宽达 30 米，是中国最大的牌坊。

在十三陵中，明成祖朱棣与徐皇后合葬的长陵规模宏大，气势雄伟，布局合理，为中国古代建筑史上的杰作。

朱棣是一个颇有建树的帝王。他曾命翰林院学士解缙等负责召集天下文士三千人，编写了举世无双的《永乐大典》，并亲自为此书写了序。这部举世空前的大部头类书，成为研究中国历史、文学艺术的宝库。他还派太监郑和六次下西洋，遍历亚非大小三十余国，促进了明朝与这些国家和地区的经济、文化交流。

陵园纵贯南北，由三个院落组成。第一院落从石碑坊到祾恩门。石碑坊位于十三陵神道最南端，为汉白玉雕刻而成，晶莹光洁，六根大柱排空屹立，上系蓝天，下接白云，远远望去犹如天地间浮沉的一朵彩云，又好似神话传说中的南天门。

石碑坊北是大红门，它是陵园的门户，坐北朝南，共三洞，丹壁黄瓦，单檐歇山顶，庄严雄伟，浑厚端庄。黄色的琉璃瓦顶与朱红色的门墙交相辉映，色彩协调，诱人遐想。

大红门北面是长陵碑亭，碑亭虽名为亭，体量却十分巨大，各面达 26 米，高 22 米。有一通龙首龟趺石碑，记叙了明成祖一生的经历，都是歌功颂德之词，这也是十三陵中唯一有文字可训的碑亭。碑亭四角各有一个华表，底座和表身浮雕蟠龙纹和流云纹，叫做"望天吼"，又叫"望君归"，意思是希望君王不要贪恋深宫，应该走出去了解了解民情，又盼望君王不要在外面流连忘返，早日归朝，免得国事无人处理。亭北石砌神道长1200米，两旁相向列石柱、石兽、石人共19对。神道北端以并列的三座石棂星门结束，门间有短墙。自此以北，长陵尚有4公里多再无设置，有如画中空白，以虚代实，更加含蓄。

第二院落是祾恩殿，是"藏衣冠几杖，起居荐藏物"的地方，也是十三陵中最雄伟的建筑。大殿全部建筑用珍贵的楠木建造，体量横长，而且都是白台红墙朱柱黄瓦，一派皇家气象，经过五百多年风雨剥蚀，尚未倾斜变形，充分表明了中国古代工匠高超的建筑技术。在院庭内外满

明成祖朱棣长陵的大殿长度超过了故宫太和殿，是中国现存最大的古代木构建筑。

大红门位于明十三陵的入口处，其形式简洁而不失装饰性。

植松柏，气势萧森，有很强的纪念性。

　　第三院落由内红门与明楼等组成。方城明楼为砖石结构，体量竖高，作城楼形式，与祾恩殿形成鲜明对比。内红门是祾恩殿和宝城之间的一座门楼，因为接近朱棣的陵墓，所以内红门的彩绘色调显得深沉、肃穆，使谒陵的官员走进门内即产生一种诚惶诚恐之感。

　　长陵建筑雄伟、肃穆幽深，以独特的建筑艺术反映了明代初年政治、经济和文化的一个侧面。

清初三陵

　　清远祖的永陵、努尔哈赤的福陵以及皇太极的昭陵，统称"清初三陵"。清初三陵既发扬了中国古代建筑的传统，又有独具特色的地方风格。与入关后的清东、西二陵不同，它突出地将陵区的自然风光和封建城堡式的建筑布局相结合，充溢着古朴、肃穆、神秘的气氛。

　　永陵是努尔哈赤的远祖、曾祖、父亲、叔父及其妻子的墓地，在清初三陵中规模最小，因为葬者生前都没有当过皇帝，也没有称过汗，只是祖以子显而已。永陵在辽宁新宾县内，背依启运山，前临苏子河，与烟囱山隔山相望。

永陵陵园较小，但景深开阔，风光旖旎，犹如点缀在万山丛翠中的一片红叶。

陵园四周绕以红墙，南门内横排四座碑亭，碑石林立，碑文洋洋数千言，均是为祖先歌功颂德的溢美之词。碑亭往北是启运殿，即祭祀谒拜祖先的场所，也是陵园的主体建筑，黄琉璃瓦顶，殿内四壁嵌饰着五彩琉璃蟠龙，殿堂供设暖阁、宝床和神位，殿前还有焚楼。启运殿往北是宝城，城中陵冢环列，均为平地起封，封土下为地宫，其中多为拾骨迁葬，可能还有衣冠葬。

福陵是清太祖努尔哈赤和高皇后的陵墓，又称"东陵"，位于辽宁沈阳东郊的丘陵地上，前临浑河，背依天柱山。万松耸翠，红墙黄瓦的陵园建筑掩映于松海葱郁、蓝天白云之间，巧妙地将山陵建筑融会于水光山色之中，极为优美和谐。

福陵面积达十九万多平方米。陵园两侧分布着下马碑、石狮、华表和石碑坊。进入陵门，地势逐渐升高，一条

永陵位于辽宁省新宾满族自治县永陵镇西北启运山脚下的苏子河畔，始建于1598年。清天聪8年（1634年）称兴京陵，顺治16年（1659年）尊为永陵。

一百多级的石阶在苍松之间斗折蛇行，盘山而上，具有"山势峻拔，磴道层折，深邃高耸，幽冥莫测"之感。攀上台阶，穿过石桥，迎面便是碑楼。碑楼内竖立由康熙亲自撰文的"大清福陵圣德碑"。碑楼后是一座古城堡式的方城，为叩拜祭祀之所，也是陵园的主体建筑。

清朝历代皇帝都非常重视祭祀祖先，每年祭祀活动多达三十多次。祭祀分为大祭、旁祭、小祭和特祭四种。大祭在每年的清明、中秋、冬至和立春举行。旁祭是在努尔哈赤和高皇后的忌辰举行。小祭在每月阴历初一和十五举行。特祭是遇国家大典的临时祭祀。祭祀所用物品都有一定规格和数量。顺治年间规定，大祭用牛、羊、猪各一头，献果酒、点香烛、焚烧、祝词、行大礼。清中叶以后，流民起义不断，清朝统治者为了求救于祖先"在天之灵"，进一步扩大了祭祀的规模，大祭祭品增加到牛二头、羊四只、面八百斤、油四百斤。每年仅祭祀福陵就用银五万两。

昭陵是清入关前"关外三陵"中规模最大，占地最多的一座，昭陵不依山傍水，而是直接建在平地上。四周护以缭墙（围墙），极似一座小城。全陵占地18万平方米，共分三大部分。

昭陵是清初三陵中规模最大、保存最为完整的一座帝陵，是清皇太极的陵墓。昭陵陵山为人工堆造而成,号称隆业山,占地面积达十八万平方米。

整个陵区可分为三个部分，从下马碑到大红门是第一部分，下马碑在陵区的最前面，碑文用满、汉、蒙、藏、维吾尔五种文字镌刻着"亲王以下各等官员至此下马"，以显示陵区的神圣和庄严。

陵区的第二部分是大红门到方城。大红门上镶有五彩琉璃蟠龙，门里有石雕华表和六对石兽，雕刻非常精致，具有很高的艺术价值。其中石马"大白"和"小白"，据说是仿照皇太极生前心爱的两匹坐骑雕琢而成，英姿勃发，大可以和唐太宗昭陵六骏相媲美。

陵区第三部分是庞大的方城和后面的宝城，这是陵园全部建筑的主体。方城内的隆恩殿是供奉神牌和祭祀的地方，庄严肃穆。方城的四隅建有角楼，把清初城堡式建筑艺术和中国传统的陵园建筑风格融为一体，相得益彰。宝城的中间有半月形的宝顶，是埋葬皇太极和皇后的地宫，气势壮观宏伟。

清东陵

清东陵在河北遵化县的昌瑞山下，是清朝最大的陵墓区。整个陵区划分为前圈和后龙两部分，前圈是陵园建筑区,后龙是衬托山陵建筑的北隅，范围很广。

据历史记载，这块地方是由顺治皇帝亲自选定的。清入关之后，有一次顺治皇帝狩猎，偶然来到昌瑞山下，停辔四顾，惊叹道:"此山王气葱郁，可为朕寿宫。"说完就取出玉佩扔向远处，对侍臣说："落处定为穴。"由此开辟了清朝入关后的第一个陵墓区。

清东陵的陵园布局以顺治皇帝的孝陵为中心，东边是康熙皇帝的景陵和同治皇帝的惠陵，西边是乾隆皇帝的裕陵和咸丰皇帝的定陵。陵园里一共葬有一百五十多人，包括五个皇帝、十五个皇后，还有很多皇贵妃、贵人、常在、答应、格格、阿哥等。

孝陵在昌瑞山的主峰下，是顺治皇帝的陵墓，也是清东陵的主体建筑。陵园前矗立着一座石牌坊，全部由汉白玉制成，上面浮雕着"云龙戏珠"、"双狮滚球"和各种旋子大点金彩绘饰纹，刀法精湛，气势雄伟，堪称清代石雕艺术

清东陵始建于康熙二年，陵区总面积约2500平方公里，主陵为顺治的孝陵。

最有代表性的作品。

紧靠石牌坊是大红门。大红门是孝陵也是整个清东陵的门户，红墙逶迤，肃穆典雅，门前有"官员人等到此下马"的石碑。

穿过大红门，迎面是碑楼。碑楼中立有两通高大的"圣德神功碑"，碑上分别用满文和汉文两种文字镌刻着顺治皇帝一生的功绩。

神道中间即龙凤门，三门六柱三楼，彩色琉璃瓦盖，龙凤呈祥花纹装饰富丽多彩，显示了神道的悠远和风光的优美。

过龙凤门是七孔桥，它是东陵近百座石桥中最大的一座，也是最有趣的一座。桥身全部用汉白玉石拱砌而成，选料奇特，如果顺栏板敲击，就会听到五种音阶金玉般的声响，人称"五音桥"。

神道北端是巍峨的隆恩殿，是举行祭祀活动的主要场所，也是陵园的主体建筑。为了推崇皇权，清朝统治者不惜工本，极力装修隆恩殿，金龙环绕，富丽堂皇。

清东陵中的地宫情况，以乾隆的裕陵最有代表性。裕陵地宫为拱券式结构，全部用雕刻或加工过的石块砌成，布满了与佛教有关的各种经文和图饰雕刻，犹如一座地下佛教艺术石雕馆。地宫内尽管图文繁多，但是并不杂乱，相反给人一种相互衬托，浑然一体的感觉，充分反映了清代石雕工艺水平的高度发展。

慈禧的定东陵是我国现存规制豪华，体系比较完整的一座皇后陵寝建筑群。定东陵一直修建了十年，但慈禧总觉得不称心，不惜劳民伤财，拆除重建。重建后的隆恩殿气概非凡，金碧辉煌，使人仿佛进入黄金世界。殿内有六十四根金龙盘玉柱，用极为珍贵的黄花梨木构成。金龙用弹簧控制，龙头龙须可随风摇动，金光闪闪，似真龙凌空，扶摇直上。隆恩殿前有龙凤彩石，凤在上龙在下，构成一幅金凤戏龙的景象。

定东陵的地宫比乾隆更为奢华，珍宝不计其数，直到地宫封闭前夕，还不断往里面安放各种稀世珍宝，奢华之极。其中慈禧口中所含的一颗夜明珠，能分开合拢，分开透明无光，合拢时透出一道绿色寒光，夜间百步之内可以照见头发。

清西陵

清西陵在河北易县的永宁山下，东距北京市一百二十多公里，是清朝的又一处规模较大的陵墓区，也是历代帝王陵园建筑保存比较完整的一处。陵域北起奇峰岭，

图中便是金碧辉煌的隆恩殿。

南到大雁桥，东自梁各庄，西至紫荆关，方圆八百平方公里。

陵区内共有帝陵四座：雍正帝泰陵、嘉庆帝昌陵、道光帝慕陵、光绪帝崇陵。还有不少后陵、妃陵、公主墓等。清西陵还有一座没有建成的帝陵，是中国末代皇帝溥仪的陵墓。溥仪去世后，骨灰曾归葬八宝山公墓。1994 年，溥仪的骨灰又葬入清西陵。

根据"子随父葬，祖辈衍继"的制度，雍正本应当随父葬，但雍正却另辟兆域，在距离东陵数百里以外的易县营建泰陵。传说他篡改康熙的遗诏，皇位得之不正，心怀内疚，因而不愿葬在其父之旁。

清西陵的核心部分，规模最大的是泰陵，其建筑历时八年。泰陵前后有三座高大精美的石牌坊和一条宽达十多米、长五公里的神道，通贯陵区南北。神道两侧的石像生有石兽三对、文臣一对、武臣一对。石像生采用写意的手法，以浓重粗大的线条，勾画出人物和动物的形象，再用细如绣花的线刻，表现细节花纹，体现了清代石雕艺术独到的雕刻技法。神道北延，是泰陵神道碑亭。碑亭内矗立着一通用满、汉、蒙三种文字镌刻的雍正皇帝谥号的石碑。泰陵的主体建筑是隆恩殿。隆恩殿由东

清西陵比清东陵规模小，主神道长 2.5 公里，始建于雍正八年。

西配殿和正殿组成，东殿是放置祝板的地方，西殿为喇嘛念经的场所。正殿在正中的月台上，巍峨高大，殿内明柱贴金包裹，顶部有旋子彩画，梁坊装饰金线大点金，金碧辉煌。

清西陵中，形制别具一格的是最西的道光皇帝的慕陵。

根据清代规制，帝陵名一般是由后代皇帝钦定的，但是慕陵的陵名据说是道光皇帝亲自拟定的。他临终前曾说："敬瞻东北，永慕无穷，云山密迩，呜呼！其慕与慕也。"而后把谕旨存放在大殿的东暖阁。咸丰即位后，重读遗诏，见"其慕与慕也"一句，心领神会，于是命名为慕陵。

慕陵在清代帝陵中，规制最为简约，没有方城、明楼、地宫和神德神功碑、华表及石像生，但工程质量坚固精细。隆恩殿都是用金丝楠木构造，不施彩绘，以蜡涂搪，精美异常。整个天花板都用香气馥郁的楠木以高浮雕的手法，刻成向下俯视的龙头，众龙吞云喷雾，栩栩如生，使人们走进殿内仿佛置身于"万龙聚会、龙口喷香"的艺术境界。慕陵的围墙也不挂灰、不涂红，而是磨砖对缝，干摆灌浆，

在清西陵的14座陵寝中，最有特色的要属道光帝的慕陵了。

墙顶以黄琉璃瓦覆盖，灰黄相映。随山势起伏，把殿亭、宝顶环抱在陵墙内，显得清明、肃穆。

北京城

明清都城北京在元大都的基础上改造而成。大都是以太液池（今北京北海和中海）为中心建设起来的，宫殿在太液池东岸，紫禁城仍选址在这里，只是比元宫稍向南移，同时将大都北墙和南墙也向南移动。

北京全城呈略横的方形，东西6650米，南北5350米，四面城墙包砖，有九座城门，各门外各有瓮城。城门上有两层三檐的高大城楼。瓮城上四层有箭楼，以大砖砌墙，十分雄伟坚实。在东南、西南二角的城墙上还建有高大的曲尺形平面角楼，也是砖砌四层。现在保存下来的只有南城墙正中的正阳门和它的瓮城前门、德胜门瓮城等城楼和东南角楼了。

图中是明清北京城的平面图。

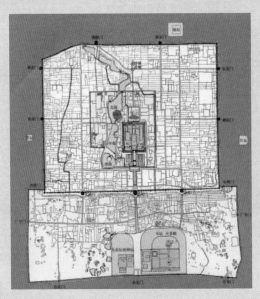

北京城的布局，恢复传统的宗法礼制思想，继承了历代都城的规划传统，整个都城以皇城为中心，皇城前左（东）建太庙，右（西）建社稷坛，外城南部有天坛，内城以北有地坛，东、西各有日坛、月坛，形成外围的四个重点，簇拥着居中的皇城和宫城。在城市布局艺术方面，重点突出，主次分明，运用了强调中轴线的手法，造成宏伟壮丽的景象。从外城南门永定门直至钟鼓楼构成长达8公里的中轴线，沿轴线布置了城阙、牌坊、华表、桥梁和各种不同的广场，辅以两边的殿堂，显示了封建帝王至高无上的权势。

明代为加强北京的防卫，计划加建一圈外郭城，先从居民较多的南面开始，但另外三面以后没有建造，从而使整个北京最后成为凸字形平面。南面新加的城墙称外城，原城改称内城。

欧洲人常说建筑是凝固的音乐，如果以音乐相比，那么全部中轴二段就好像是交响乐的三个乐章：自外城南墙正中的永定门到正阳门的第一段好比序曲；自正阳门至景山，贯串宫前广场和整个宫城的第二段是高潮；从景山至钟、鼓二楼的第三段是尾声，相距很近的钟、鼓二楼就是全曲结尾的几个有力和弦。全曲结束以后，似乎仍意犹未尽，最后再通过北面的德胜门、安定门的城楼，将气势发散到遥远的天际，像是悠远的回声。在这首乐曲的"主旋律"周围，高大的城墙、巍峨的城楼、严整的街道和天、地、日、月四坛，都是它的和声。整座北京城高度有机结合，有着音乐般的和谐和史诗般的壮阔，是可以和世界上任何名篇巨制媲美的艺术珍品。

"凸"字形的北京城分为内城、外城和皇城、宫城几部分。明清北京城规划上的最大特点是突出了皇城的地位。图中是北京前门的箭楼。

北京城的艺术构思还体现了中国人特别擅长的色彩处理能力：中轴线上的紫禁城广泛使用华贵的金黄色琉璃瓦，在沉实的暗红墙面和纯净的白色石栏的衬托下闪闪发亮；散在四外的坛庙色彩与它基本一致，遥相呼应；而城楼和大片民居都是灰瓦灰墙；它们又全都统一在绿树之中，呈现着图案般的美丽。难怪英国人爱孟德·倍根在所著的《城市的设计》中说："也许在地球表面上人类最伟大的单项作品就是北京了，这座中国的城市是设计作为皇帝的居处，意图成为举世的中心的标志。在设计上它是如此辉煌出色，对今日的城市来说，它还是提供丰富设计意念的一个源泉。"

紫禁城

紫禁城坐落于北京城的中心，筹建于明成祖永乐五年（公元 1409 年），兴建于永乐十五年至十八年，整个营造工程由侯爵陈圭督造，规划师吴中具体负责。故宫是明、清两代的皇宫，这里居住过明代 14 位皇帝和清代 10 位皇帝，他们统治中国 491 年，将近五个世纪。它也是世界上现存最大、最完整的古代木结构建筑群，集中体现了中华民族的建筑传统和独特风格。

紫禁城是一座长方形的城池，南北长 961 米，东西宽 753 米，72 万多平方米，四周有高 10 米多的城墙围绕，城墙的外沿周长为 3428 米，城墙外有宽 52 米的护城河，是护卫紫禁城的重要设施。

紫禁城东西南北开有四座城门，南门为午门、北门为神武门，东门为东华门、

故宫甬道

图中是皇帝乘轿登台基时的专用"御道"。

西门为西华门。城的四角各建有一座角楼。每座角楼各有九梁、十八柱、七十二脊,结构复杂,式样奇特,为古建筑中罕见的杰作。整个紫禁城的建筑布局严谨规则,主次有序,并用形体变化、高低起伏的手法,使空间丰富多变。

午门是紫禁城的正门,在城墙墩台上建有一组建筑。正中是宽九间的庑殿顶重檐大殿,殿高40米,是故宫的最高建筑。两侧有联檐通脊的殿阁伸展而出,四隅各有一个高大的角亭,这一组建筑称五凤楼、巍峨壮丽、气势浑厚。午门广场呈纵长矩形,午门屹立于广场尽端,平面继承隋唐以来如大明宫含元殿的传统,作向南敞开的凹字形。凹字平面有很强的表现力,当人距午门越来越近时,三面围合的巨大建筑、单调的红色城墙逼面而来,封闭、压抑而紧张的感受也愈来愈强,更显示出皇权的凛

北京故宫全景图

为什么叫"紫禁城"

"紫禁城"这个名称本身显示了天人合一观念。"紫宫"原是星座的名称，又叫紫垣或紫微宫，是环绕古代被称为"帝星"的北极星周围十五颗星的总称。古人相信天象与人事相互对应，北极星恒定不动，被称为"帝星"，以示皇权的稳固，所以从秦汉起就常以"紫宫"称皇帝的宫殿。"禁"字表示禁卫森严，除了为之服务的宫女、太监、侍卫之外，只有被召见的官员以及被特许的人员才能进入，这里是外人不能逾越雷池一步的禁区。合紫、禁二字为一词，就是紫禁城。

图中是从太和门回看午门的情景，太和门好似画框，而午门恰好落在这个"画框"之间，这种手法称为框景，是古代处理群体建筑间相互关系的常用手法。

然不可侵犯。

进午门，经过一个大庭院，再过金水桥，入太和门，即是外朝的三大殿，太和殿在前，中和殿居中，保和殿在后，依次建筑在一个呈工字形的高大基台上。因为按中国金、木、水、火、土的五行观念，土居中央，最为尊贵。基台高8.13米，分三层，用汉白玉砌筑而成。每层当中都有石雕御路，边上装饰有栏板、望柱和龙头。据统计，共有透雕栏板1414块，刻有云龙翔凤图案的望柱1460根，龙头1138个。栏板下以及望柱上伸出的龙头口中，都刻有小洞口。每当下雨，水由龙头流出，恰似千龙喷水，蔚为大观。

太和殿又称金銮殿，是皇帝发布政令和举行大典的场所。殿高35.05米，宽63.96米，深37.20米，是故宫最大的建筑，也是全国现存最大的木构建筑，集中体现了中国传统木构建筑的特点。太和殿用七十三根大木柱支承梁架形成重檐庑殿式屋顶，上檐斗拱出挑单翘三重昂九踩，下檐为单翘重昂七踩。整座建筑庄严雄伟，富丽堂皇。

木构即先在栓础上立木柱，柱上架大梁，梁上立小矮柱（瓜柱），再架上一层较短的梁；自大梁而上可以通过小柱重叠几层梁，逐层加高，每层的梁逐层缩短，形成重檐；

在最上层立脊瓜柱，在两组构架之间横搭檩枋；在檩上铺木椽，椽上铺木板（望板），板上苫灰背瓷瓦；由于梁架逐层加高，小梁逐层缩短，从而形成斜坡式的屋面；屋檐出挑则采用斗拱承接，既可承重，又可增添装饰效果，是中国传统建筑的又一大特色。

　　太和殿的巨大体量，它和层台形成的金字塔式的立体构图，以及金黄色琉璃瓦，红墙和白台，使它显得异常庄重和稳定，强调区别君臣尊卑的等级秩序，渲染出天子的权威。建筑家通过本来毫无感情色彩的砖瓦木石，和在本质上不具有指事状物功能的建筑及其组合，既显现了天子的尊严，又体现出天子的"宽仁厚泽"，还通过壮阔和隆重彰示了被皇帝统治的伟大帝国的气概，如此复杂精微的思

紫禁城中的数字奥秘

　　建筑史学家傅熹年，曾经对紫禁城的院落面积和宫殿位置进行了亲自测量，由此，他发现了一些奇妙的数字奥秘：

　　1.后寝二宫组成的院落，南北长度为218米，东西宽度为118米，二者之比为6比11；而前朝三大殿组成的院落，南北长度为437米，东西宽度为234米，二者之比也是6比11，而且前朝院落的长、宽几乎都是后寝院落的两倍。接着，他又测出后宫部分的东西六宫和东西五所，长宽尺度与后寝院落基本吻合。

（接下页）

太和殿内部装饰富丽堂皇，中心为高高在上的皇帝宝座。

知识链接

2. 太和殿采用的是宫殿建筑的最高等级形制，面阔九间，进深五间，二者之比为9比5；太和殿、中和殿、保和殿共处的土字形大台基，其南北长度为232米，东西宽度为130米，二者之比也刚好为9比5。

3. 古代数字有阴阳之分，奇数为阳，偶数为阴。紫禁城中前朝部分宫殿数量皆为阳数，而后寝部分宫殿数量则皆为阴数。阳数中九为最高，五居正中，因而古代常以九和五象征帝王的权威，称之为"九五之尊"。午门城楼、保和殿等正面都是九开间的殿宇。显然，这些数字表达了对王权的顶礼膜拜。

想意识，抽象地却十分明确地宣示出来，是中国建筑艺术的骄傲。

与外朝的宏伟壮丽、庭院开阔明显不同，作为帝后生活居住区的内廷呈现深邃的特征。内廷有乾清宫、交泰殿、坤宁宫，两侧是供嫔妃居住的东六宫和西六宫，也就是人们常说的"三宫六院"。前院乾清宫大殿最大，中院坤宁宫较小，乾清、坤宁之间是方形平面的交泰殿，三殿共同坐

乾清宫面阔九间，重檐庑殿屋顶。

落在一个一层高的工字形石台基上。

乾为阳，为男；坤为阴，为女；交泰则为阴阳和合。后寝三殿的命名包含着中国人关于宇宙的哲学认识。

后寝以后是御花园，虽为花园，但所有建筑、道路、小池甚至花坛和栽植，都规整对称，只在局部有些变化，与中国园林特别强调的自由格局很不相同，这是因为它是格局严格对称的皇宫内的花园，又位于中轴线上，局部须服从全体，以保持全局格调的完整。但其中古木参天，浓阴匝地，花香袭人，波底藏鱼，富于生活情趣。

御花园以北通过一个小广场为神武门，有高大的城楼，过门经护城河即达景山，是故宫的结束。景山筑于明代，约高50米，中高边低，略作向前环抱之势，清代沿山脊建造了五座亭子，正中万春亭最大，方形三重

御花园地面用石子铺出"福"、"禄"、"寿"、"喜"等吉祥文字和图案。

图为御花园中的万春亭。

檐，以黄色为主；两旁二亭较小，八角重檐，黄绿相当；最外二亭最小，圆形重檐，以绿色为主。在体量、体形和色彩上呈现了富有韵律的变化，并分别与庄重的宫殿和宫外活泼的皇家园林在气氛上取得和谐。

整个故宫的布局，以午门至神武门作中轴，呈对称性排列。中轴线向南延伸至天安门，向北延伸至景山，恰与北京古城的中轴线相重合。登上景山，眺望故宫，飞檐重叠，琉璃连片，壮丽辉煌，气象万千，堪称中国传统建筑之瑰宝。

沈阳故宫

清军入关前，其皇宫设在沈阳，名盛京宫阙，迁都北京后，这座皇宫被称作"陪都宫殿"、"留都宫殿"，后来就称之为沈阳故宫。沈阳故宫是清太祖努尔哈赤、清太宗皇太极营建和使用的宫殿，清世祖福临也曾在这里即皇帝位，改元"顺治"。始建于后金天命（公元 1625 年），建成于清崇德元年（公元 1636 年）。

沈阳故宫位于辽宁沈阳市旧城中心，占地 6 万多平方米，全部建筑计 300 多间，共组成 20 多个院落。按其布局，可分为东路、中路和西路三大部分。以中路为主体，东、西路为两翼。

中路建筑以崇政殿为主体，南起大清门，北止清宁宫，建于清太宗皇太极时期。崇政殿又称正殿，是皇太极日常处理军政要务、接见外国使臣和边疆少数民族代表的地方。殿为五间出廊硬山式，前后有出廊，周围石雕栏杆，望柱下有吐水螭首。屋顶铺黄琉璃瓦，镶绿剪边。殿内彻上明造，饰以彩绘，内设贴金雕龙扇面大屏风和宝座，两侧有熏炉、香亭、烛台。殿前有大月台，东设日晷，西有嘉量亭。崇政

沈阳故宫风格朴实粗犷，带有少数民族的地方特色。

殿后的院落，东有师善斋、日华楼，西有协中斋、绮霞楼，均为硬山布瓦顶。北面是一个4米高的青砖高台，有砖砌台阶可供上下。高台正南是凤凰楼，原名翔凤楼，是皇太极的御书房，也是当时沈阳城内最高的建筑，凤凰楼建造在4米高的青砖台基上，三滴水歇山式围廊，顶铺黄琉璃瓦，镶绿剪边。凤凰楼上藏有乾隆御笔亲题的"紫气东来"匾。正北面是清宁宫，这是皇太极与皇后博尔济吉特氏的寝宫。清宁宫的两侧有东西配宫。东配宫有关雎宫、永福宫，西配宫有：麟趾宫、衍庆宫。永福宫即顺治帝福临的生母、才智过人的庄妃之寝宫。

东路建于清太祖努尔哈赤时期，主要建筑是大政殿和十王亭。大政殿原

图为沈阳故宫东路主殿大政殿。

沈阳故宫东路主殿大政殿的前檐雕刻有张牙舞爪的蟠龙，其形态象征着清朝统一中国的雄心。

名笃恭殿，用来举行大典，如颁布诏书、宣布军队出征、迎接将士凯旋和皇帝即位等。重檐八角攒尖式，八面出廊。下面是一个高约1.5米的须弥座台基，绕以雕刻细致的荷花净瓶石栏杆。殿顶铺黄琉璃瓦镶绿剪边，正中相轮火焰珠顶。殿内有精致的斗拱、藻井和天花，殿前的两根大柱上雕刻着两条蟠龙，气势雄伟。从建筑上看，大政殿也是一个亭子，不过它的体量较大，装饰比较华丽，因此称为宫殿。大政殿前，八字形东西排列着十座方亭，俗称"十王亭"，是左右翼王和八旗大臣办事的地方。自北而南，东部依次为：左翼王亭、正黄旗亭、正红旗亭、镶蓝旗亭、镶白旗亭；西部依次为：右翼王亭、镶黄旗亭、镶红旗亭、正蓝旗亭、正白旗亭。

西路建筑建成于乾隆四十八年（公元1783年）。文溯阁是西路建筑的主体，建于1782年，是专为贮存《四库全书》所建成的全国七阁之一，面阔六间，内部三层，外观为两层重檐硬山式，前后有出廊，阁顶铺黑琉璃瓦，镶绿剪边。阁东有一碑亭，内立乾隆撰写的《御制文溯阁记》石碑，记录了文溯阁修建的经过和《四库全书》的收藏情况。

沈阳故宫是除了北京故宫之外的中国现存另一座帝王宫殿建筑群，宫内建筑物保存完好，特色鲜明，其历史价值和艺术价值仅次于北京故宫。

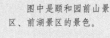

颐和园

颐和园坐落在北京西北部，方圆 8 公里，占地 4350 亩，规模宏伟，景色秀丽。它的历史可以追溯到八百多年前的金代，金章宗曾在此建金水院，其山称金山，引玉泉诸水至山下为池，叫金水池。元时，据说有一老人在山上挖得一个刻有花纹的大石瓮，便改金山为瓮山。元世祖曾命郭守敬两次引玉泉诸水至山下，并把金水池疏浚扩展为大水库，先后易名叫瓮山泊和大泊湖，俗称西湖或西海子，明代又改瓮山为金山，改瓮山泊为金海，在山上建圆静寺，在湖畔建好山园行宫，总称好山园，俗称西湖景。1750 年，清乾隆皇帝在圆静寺基础上，修建大报恩寺，为他的母帝祝寿，并改金山为万寿山，又对金海进行疏浚，改名昆明湖，整个园林叫清漪园，工程历时 15 年建成。自此，万寿山的清漪园，玉泉山的静明园，香山的静宜园，以及畅春园、圆明园，合称"三山五园"，而清漪园独具特色，有"何处燕山最畅情，无双风月属昆明"之誉。遗憾的是，1860 年英法联军攻占北京，三山五园同遭厄运，被洗劫后又被纵火焚毁，清漪园除个别建筑外均成灰烬。1886 年，慈禧挪用海军经费，历时 10 年，进行修建，并改名颐和园。1900 年，颐和园又遭八国联军的掠夺和焚毁，1902 年，慈禧再次修复。

图中是颐和园前山景区、前湖景区的景色。

颐和园主体由万寿山和昆明湖组成，山居北，横向，高 60 米，湖居南，呈北宽南窄的三角形。全园可分为宫殿区、前山前湖区、西湖区和后山后湖区四大景区。

主要园门东宫门在昆明湖

颐和园官殿区和前山景区的各景点间由一条长廊连接，长廊沿昆明湖北岸蜿蜒而行，为中国现存园林中最长的廊子。

图中便是著名的昆明湖"十七孔桥"。

东北角，正当湖、山交接处。入门即宫殿区，臣属可就近觐见，不必深入园内。宫殿仍取严谨对称的殿廷格局，但较之紫禁城的严肃气氛已轻松很多，建筑尺度也不太大。

绕过宫殿区的主殿仁寿殿，通过一条曲折的小道，进入开朗宏阔，真山真水，大笔触，大场面，大境界的前山前湖区，到这里气氛忽然一变：前泛平湖，目极远山，视野十分辽阔，远处玉泉山的塔影被借入园内，近处岸边的一排乔木又起了"透景"作用，增加了层次，这种欲扬先抑的手法，加深了园林的空间感。

高58米的万寿山体形比较缺少变化，自山顶的智慧海而下是佛香阁、檀辉殿、排云殿、排云门、云辉玉宇坊。其中，琉璃砖瓦的无梁殿——智慧海和高41米的佛香阁，气势雄伟，为最具特色的建筑。这些体量较大、体形宽厚、用黄琉璃瓦顶、风格浓丽富贵的楼阁，是范围广大的全园构图中心。在阁下山脚与湖岸之间，建造了东西长达700米世界最长的长廊，把山麓的众多小建筑统束起来。长廊西端水中有一石舫，为石建西洋巴洛克样式，此类风格在圆明园"西洋楼"景区更多，由在宫廷供职的西洋画师设计。

在昆明湖西部筑西堤，堤西隔出水面二处，各有一岛，与

龙王庙岛一起，构成一池三神山的传统皇苑布局，此处即为西湖区，性格疏淡粗放，富有野趣。

万寿山北麓是后山后湖景区，后湖实为一串小湖，以弯曲河道相连，夹岸幽谷浓荫，幽曲窈窕。在后湖中段，两岸仿苏州水街建成店铺，有江南镇埠风味。

总之，颐和园汇集了中国传统园林建筑艺术的精华，"虽由人造，宛如天成"，是清代园林建筑的一大代表作。整个园林突出表现为以下特点：

1. 以水取胜。水域面积占全园的四分之三，主要建筑和风景点面临昆明湖，或是俯览湖面。为避免开阔的湖面显得单调，用长堤把湖面划分为几个区域，还在湖中布置

颐和园后湖沿岸有乾隆为其母仿照江南水乡所建的"万寿买卖街"，即今天的"苏州街"。

玉泉山顶建有一塔，这座塔成为颐和园的借景，增加了颐和园的空间延伸感。

了凤凰墩、治镜阁、藻鉴堂等岛屿，以象征传说中的蓬莱、方丈、瀛洲等海上三神山，从而使水域既开阔又富有情趣。

2. 对比鲜明。前山建筑壮丽，金碧辉煌，后山建筑隐蔽，风景幽静；昆明湖浩荡壮阔，后湖（苏州河）怡静精巧；东宫门内建筑密集，西堤和堤西区景物错落有致。强烈的反差，更添情趣。

3. 借景手法。设计者不仅考虑了园内景物的相互配合借用，而且充分地利用周围的景色，使西山的峰峦，西堤的烟柳，玉泉山的塔影等，恍如园中的景物。这种园内、园外均有景色的巧妙手法，给人一种园林范围更加扩大的感受。

4. 园中有园。在万寿山东麓一处地势较低，聚水成池的地方，依照无锡惠山园，建造了谐趣园。它以水池为中心，配以堂、轩、亭榭、楼阁、游廊、小桥，自具独立的格局，成了园中之园。而且它清雅幽静，与东宫门内密集的宫殿建筑群成了鲜明的对比，给人焕然一新之感。

5. 集景摹写。园中汇集了全国许多名胜景观，但又不是生硬仿造，而是别具神韵，如谐趣园仿自惠山园，西堤六桥仿自杭州西湖苏堤，涵虚堂、景明楼仿自黄鹤楼、岳阳楼，苏州街仿自苏州市街等，但又有很大的差异。

避暑山庄

承德避暑山庄，又称"热河行宫"，坐落于河北承德市中心以北的狭长谷地上，占地面积584公顷。山庄始建于清康熙四十二年（公元1703年），雍正时一度暂停营建，乾隆六年（公元1741年）到乾隆五十七年（公元1792年）又继续修建，整个山庄的营建历时近九十年，这期间清王朝国力兴盛，能工巧匠云集于此。康熙五十年，康熙帝还亲自在山庄午门上题写了"避暑山庄"匾额。

避暑山庄主要分为宫殿区和苑景区两部分。

宫殿区位于山庄南部，包括正宫、松鹤斋、万壑松风和东宫四组建筑，布局严整，是紫禁城的缩影。正宫是清代皇帝在山庄时，处理政务、休息和举行重大典礼的地方；松鹤斋寓意"松鹤延年"，建于乾隆年间，供太后居住；万壑松风是清帝批阅奏章和读书处，是宫殿区与湖区的过渡建筑，造型与颐和园的谐趣园类似；东宫在宫殿区最东面，为清帝举行庆宴大典的场所，后毁于战火。

苑景区又分湖泊区、平原区和山岳区。宫殿区以北为湖泊区，湖区集南方园林之秀和北方园林之雄，将江南园林的景观移植到塞外。区内湖泊总称"塞湖"，总面积57公顷，

承德避暑山庄采用借景的手法，将山庄外著名藏式建筑——外八庙的景色尽收视野，增加了视觉层次。

承德避暑山庄的宫殿是由几组四合院组成的建筑群，建筑风格朴实淡雅。

洲堤28公顷。塞湖包括九湖十岛，九湖是：镜湖、银湖、下湖、上湖、澄湖、如意湖、内湖、长湖、半月湖。十岛有五大五小，大岛有：文园岛、清舒山馆岛、月色江声岛、如意洲、文津岛；小岛有：戒得堂岛、金山岛、青莲岛、环碧岛、临芳墅岛。今九湖尚有七湖，十岛尚存八岛。洲岛之间由桥堤相连。

平原区位于湖泊区以东，占地53公顷。南部沿湖有亭四座，从西至东依次是水流云在、濠濮间想、莺啭乔木、甫田丛樾。其他景观还有：萍香泮、春好轩、暖流暄波、万树园、试马埭、永佑寺、舍利塔。区内的万树园不施土木，仅按蒙古民族的风俗习惯设置蒙古包数座，乾隆帝常在这里召见各少数民族政教首领，举行野宴。

平原区的西部和北部是山岳区，面积422公顷，占避暑山庄总面积的五分之四，

须弥福寿庙是承德避暑山庄外八庙之一，格局仿西藏的扎什伦布寺，曾为六世班禅行宫。该庙东西120米，南北360米，体量宏伟。

山峦峻峭，属燕山余脉风云岭山系。自北而南有松云峡、梨树峪、松林峪、榛子峪等四条大的峡谷。峰冈崖坡之上，与山水林泉巧于因借，宜亭斯亭、宜轩斯轩、宜庙斯庙，康、乾时期在山区修建了四十余处楼、亭、庙、舍，均有御路和羊肠步道相通。

避暑山庄周围十二座建筑风格各异的寺庙，从康熙五十二年（公元 1713 年）开始建造，前后历时近 70 年建成，是当时清政府为了团结蒙古、新疆、西藏等地区的少数民族，利用宗教作为笼络手段而修建的。其中的八座由清政

普乐寺始建于乾隆三十一年，主体建筑为旭光阁，其平面为圆形，直径 21 米，高 24 米，屋顶铺满黄琉璃瓦。

府直接管理，故被称为"外八庙"。以普宁寺、普乐寺、普陀宗乘庙和须弥福寿庙规模最大、最重要。普宁、普乐二寺的汉式成分较多，普陀宗乘和须弥福寿藏式风格较明显。这些寺庙融和了汉、藏等民族建筑艺术的精华，气势宏伟，极具皇家风范。

普宁寺建于乾隆二十年（公元 1755 年），以一条明显的中轴线贯穿南北，前部是典型的华北汉式佛寺布局，属官式建筑，有照壁、牌楼、寺门、碑亭、钟楼和鼓楼、天王殿、东西配殿和大雄宝殿；后部地势陡然高起近 10 米，台地上有主体建筑大乘阁，带有更多的藏式建筑风格。大

乘阁为四层，基本汉式，但屋顶模仿西藏桑鸢寺，在四角各建一亭，中央耸起重檐大亭，象征宇宙中心须弥山。阁内空间高达24米，有巨大的千手千眼观音像。阁周围有十四座大小台、殿，代表绕须弥山出没的太阳、月亮、四大部洲和八小部洲。四角各有一座喇嘛塔，为白、黑、红、绿四色，代表佛的"四智"或四大天王。后部包围整组建筑的波浪形围墙，是金刚大轮围山。整组建筑象征从印度传入西藏的所谓"曼陀罗"图式，形成一种罕见的新颖形式。

普陀宗乘庙在避暑山庄正北，建于乾隆三十二年（公元1767年）。全庙地形前低后高，落差很大。总平面可分前、中、后三部：前部仍是汉式建筑轴线对称布局方式，沿中轴线有城楼样的寺门、巨大的碑亭，在一座台子上并列五座喇嘛塔的五塔门，还有琉璃牌坊；中部面积最大，山坡上散布十余座小"白台"和喇嘛塔，模仿布达拉宫宫前建筑；最后的山坡高处是寺庙主体，模仿布达拉宫，由中央红台和左右白台组成，台顶也露出几座鎏金汉式屋顶。这些"台"

承德避暑山庄以自然景色为主，同时不乏细腻的人文情趣，是清代皇家园林的上乘之作。

实际上是外面围绕着平顶楼房的一个个方院，红台里有方形重檐攒尖顶的万法归一殿，东、西白台内分别是戏台和千佛阁。

避暑山庄及周围寺庙是帝王苑囿与皇家寺庙建筑经验的结晶，园林建造实现了"宫"与"苑"形式上的完美结合和"理朝听政"与"游息娱乐"功能上的高度统一，成为与私园并称的中国两大园林体系中帝王宫苑体系中的典范之作。它继承和发展了中国古典园林"以人为之美入自然，符合自然而又超越自然"的传统造园思想，完全借助于自然地势，因山就水，顺其自然，同时融南北造园艺术的精华于一身。在建筑上，它继承、发展，并创造性地运用各种建筑技艺，撷取中国南北名园名寺的精华，仿中有创，表达了"移天缩地在君怀"的建筑主题。在园林与寺庙、单体与组群建筑的具体构建上，避暑山庄及周围寺庙实现了中国古代南北造园和建筑艺术的融合，囊括了亭台阁寺等中国古代大部分建筑形象，展示了中国古代木架结构建筑的高超技艺，并实现了木架结构与砖石结构、汉式建筑形式与少数民族建筑形式的完美结合。它是中国园林史上一个辉煌的里程碑，享有"中国地理形貌之缩影"和"中国古典园林之最高范例"的盛誉。

西 苑

西苑是在元代太液池的基础上加以发展而成的。元代太液池只有北海和中海两部分，明代又开凿南海，于是形成了中、南、北三海，清代在三海基础上进一步兴建。由于三海紧靠宫殿，景物优美，所以成为帝王居住、游憩、处理政务等的重要场所。清代帝王常在西苑召见大臣，处理国政，宴会王公卿士，接见外蕃，慰劳出征将帅等，冬天还在西苑举行"冰嬉"。

三海中面积最大的是北海，形状不规则，琼华岛突出于水中，岛的面积较大，也相当高，用土堆成。岛上选山石建殿宇，岛顶在元明时代原有广寒宫，是皇帝赐宴群臣的地方。清顺治八年，在此改建成一座白色喇嘛塔，构成北海整个园林区的中心。乾隆时，又在岛山添建了一些亭台楼阁，如悦心殿等建筑以及构山筑洞，并在岛北面修建了弧形长廊，廊的中部有漪澜堂、远帆阁等建筑，使长廊不感平整呆板。岛的美妙处，还因为有一座拱桥和岛南的

图中是太液池北岸的"五龙亭"。

团城作陪衬。一座是金鳌玉𬭚桥，是北海和中南海的分界，用大理石砌成，共有九孔，在琼华岛与团城之间有一座永安桥，起着团城与琼华岛的联系作用，两桥之间的团城巍然高耸，上有承光殿，另有亭树、山石、廊瓦等，登此顶可以俯瞰三海。

清朝，尤其在乾隆年间，除重修增建琼华岛半月城、智珠殿以外，又在北海的东岸建画舫斋等，在北岸修建静心斋、天王殿、琉璃阁、万佛楼等。其中静心斋是北海的园中之园，而小园之中又用小的几组院落和山石树木组成多变的空间，堆石叠山的奇巧和空间层次的多变，实为佳构。

中海是南海和北海过渡的狭长水面，两岸树木茂密，园林建筑较少，仅在东岸露出万寿殿一角和水中立一小亭，

图中是北海琼华岛的主景，即清代所建的喇嘛塔。

北海的静心斋规模不大，院落布局紧凑，园中主景是假山和水面。

西岸也只露出紫光阁片段。

南海水面比较小而圆，水面却十分清幽，在碧波清清的湖水中，构置岛屿，称为瀛台，岛上建筑物都比较低平，远远看去，高出水面却十分协调。南海中的"静谷"一组庭院，可以说是南海中的园中园了，该院中叠石构洞和亭桥的摆布等可以称得上是小园中绝妙的园林艺术之精品。

圆明园

在北京的西北郊有西山、香山、玉泉山、万寿山等，这一带山陵的东南则是沃野平畴，又有玉泉流经其间，风景佳丽，气候宜人，为建筑苑园提供了良好的自然条件。所以清代帝王的苑囿多向这一带发展，于是就有了圆明园、长春园和万春园组成的圆明三园。

圆明园是清代封建帝王在一百五十余年间，所创建和经营的一座大型皇家宫苑。雍正、乾隆、嘉庆、道光、咸丰五朝皇帝，都曾长年居住在圆明园优游享乐，并于此举行朝会，外理政事，它与故宫同为当时的政治中心，被清

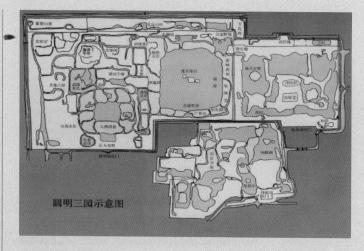

圆明三园位于北京西郊，是清代著名的"三山五园"之首，在世界造园史上占有重要地位。图中为圆明三园的示意图。

圆明三园示意图

帝特称为"御园"。

圆明园最初是康熙皇帝赐给皇四子胤禛（即后来的雍正皇帝）的花园。在康熙四十六年即公元 1707 年时，园已初具规模。1723 年雍正皇帝即位后，拓展原赐园，并在园南增建了正大光明殿和勤政殿以及内阁、六部、军机处诸值房，名之"避喧听政"。此后乾隆皇帝在位六十年，对圆明园岁岁营构，日日修华，浚水移石，费银千万，并在紧东邻新建了长春园，在东南邻并入了绮春园。至乾隆三十五年即 1770 年，圆明三园的格局基本形成。嘉庆时，主要对绮春园进行修缮和拓建，使之成为主要园居场所之一。道光朝时，虽国事日衰，财力不足，仍不放弃对圆明三园的改建和装饰。

圆明园共占地 2500 亩，陆上建筑面积和故宫一样大，水域面积又等于一个颐和园。宏伟壮丽的圆明园内造景繁多，有四十八景，和万春园、长春园，三园共一百零八景。每一景由亭、台、楼、阁、殿、廊、榭、馆等组成。

圆明园大致可分为五个重要的景区。一区为宫区，有朝理政务的正大光明殿等。二区为后湖区。三区有西峰秀色、问乐园、坐石临流等，其中有舍己城，城中置佛殿，城前

图中的景点为"正大光明",中央的大殿为圆明园正殿。

还有仿苏州街道建成的买卖街,是皇帝后妃们买东西的地方。福海则为第四区,以蓬岛瑶台为中心,福海周围建有湖山在望、一碧万顷、南屏晚钟、别有洞天、平湖秋月等景点共十多处。第五区有关帝庙、清旷楼、紫碧山房等。

圆明园的特点一是水景丰富,它以福海和后湖作为造园的中心。单是福海,就占去了将近三分之一的面积,沿着水面的岸边,构置建筑景观,因水成景,形成波光浩渺,景色优美的重要水区。圆明园后湖景区,环绕后湖构筑九个小岛,是全国疆域"九州"之象征。各个岛上建置的小园或风景群,既各有特色,又彼此相借成景。北岸的上下天光,颇有登岳阳楼一览洞庭湖之气概。西岸的坦坦荡荡,酷似杭州玉泉观鱼,俗称金鱼池。圆明园西部的万方安和,房屋建于湖中,冬暖夏凉,遥望彼岸奇花缀若绮绣。

"方壶胜景"位于圆明园东北角,其殿宇坐落于汉白玉高台之上,金碧辉煌。

图中的景点为"九洲清宴"，为清帝寝宫。

　　第二个重要特点是非常注意与环境的和谐，在红花、绿树、湖光、碧池、溪涧、山色、曲径、白云、蓝天之中，点缀着亭、台、楼、阁的建筑。宫殿建筑金瓦红墙、壮丽宏伟；北远山村酷似乡间；海岳开襟宛如蜃楼；蓬岛瑶台则胜似海外仙境；琉璃宝塔金碧辉煌；九孔石桥朴素大方。园林建筑与环境气氛和谐，整个布局毫无生硬拼凑的感觉，符合清代帝王的"宁神受福，少屏烦喧"及"而风上清佳，惟园居为胜"的要求。

　　第三个重要特点是园内的建筑物，既吸取了历代宫殿式建筑的优点，又在平面配置、外观造型、群体组合诸多方面突破了官式规范的束缚，广征博采，形式多样，创造出许多在我国南方和北方都极为罕见的建筑形式，如字轩、眉月轩、田字殿，还有扇面形、弓面形、圆镜形、工字形、山字形、十字形、方胜形、书卷形等等。园内的木构建筑多不用斗拱与琉璃瓦，而多是青瓦、卷棚顶，显得比较素雅。园内宫殿式建筑较多，而且多是左右对称的布置，如正大光明殿、大定门、左右朝房、安佑宫、淳化斋等。

　　第四个显著特点就是大量仿建了全国各地特别是江南的许多名园胜景。乾隆皇帝曾经六次南巡江浙，多次西巡五台，东巡岱岳，巡游热河、盛京（即沈阳）和盘山等地。每至一地，凡他所中意的名山胜水、名园胜景，就让随行画师摹绘成图，回京后在园内仿建。据不完全统计，圆明园的园林风景，有直接摹本的不下四五十处。杭州西湖十景，连名称也一字不改地在园内全部仿建。

第五个重要特点是圆明园内多建寺庙园林。例如皇家祖祠安佑宫（鸿慈永祜），是按照景山寿皇殿的旧例建造的，用来祭奉康熙、雍正皇帝"神御"。宫为九间，正脊重檐歇山，以黄色琉璃瓦覆顶，是园内体量最大的一个建筑物。周围有乔松掩盖，中轴线南端有两对华表，给人以庄严肃穆之感。再如位于福海东北海湾岸边的方壶胜境，是按照幻想中的仙山琼阁建造的。据史料记载，这里供奉有2200多尊佛像，有30余座佛塔。另一座典型的佛教建筑舍已城，据说是仿照古代印度桥萨罗国都城的布局建造的，城内共有殿宇、房舍326间。康熙以来，每当皇帝、皇太后寿诞，王公大臣进奉的佛像都存放在这里，其中有纯金的、镀银的、玉雕的、铜塑的，年复一年，竟达数十万尊。

第六个重要特点是出现了欧洲文艺复兴后期巴洛克风格的西洋楼，为皇家园林之先例。西洋楼位于长春园北界，由谐奇趣、线法桥、万花阵、养雀笼、方外观、海晏堂、远瀛观、大水法、观水法、线法山和线法墙等十余个建筑和庭园组成。于乾隆十二年（公元1747年）开始筹划，至二十四年（公元1759年）基本建成。由西方传教士郎世宁、蒋友仁、王致诚等设计指导，中国匠师建造。

谐奇趣是乾隆十六年秋建成的第一座建筑，主体为三层，楼南有一大型海棠式喷水池，设有铜鹅、

造园师在圆明三园的长春园北建造了一组西式巴洛克风格的宫殿，并配以法国勒诺特尔式园林。图中是1870年前后，被英法联军破坏后的欧洲巴洛克式建筑。

铜羊和西洋翻尾石鱼组成的喷泉。楼左右两侧，从曲廊伸出八角楼厅，是演奏中西音乐的地方。

　　海晏堂是西洋楼最大的宫殿。主建筑正门向西，阶前有大型水池，池左右呈八字形排列有十二只兽面人身铜像（鼠、牛、虎、兔、龙、蛇、马、羊、猴、鸡、狗、猪，正是我国的十二个属相），每昼夜依次喷水各一时辰（2

图为今日大水法残迹。

小时），正午时刻，十二生肖一齐喷水，俗称"水力钟"。这种用十二生肖代替西方裸体雕像的精心设计，实在是洋为中用，中西结合的一件杰作。

　　大水法是西洋楼最壮观的喷泉。建筑造型为石龛式，酷似门洞。下边有一大型狮子头喷水，形成七层水帘。前下方为椭圆菊花式喷水池，池中心有一只铜梅花鹿，从鹿角喷水八道；两旁有十只铜狗，从口中喷出水柱，直射鹿身，溅起层层浪花，俗称"猎狗逐鹿"。大水法的左右前方，各有一座巨大的喷水塔，塔为方形，十三层，顶端喷出水柱，塔四周有八十八根铜管，也都一齐喷水。据说这处喷泉若全部开放，有如山洪暴发，声闻里许。

西洋楼景区，整个占地面积不超过圆明三园总占地面积的五十分之一，只是一个很小的局部而已，但它却是我国成片仿建欧式园林的一次成功尝试，这在我国园林史上，在东西方园林交流史上，都占有重要地位。一位目睹过它的西欧传教士曾这样赞誉西洋楼：集美景佳趣于一处，凡人们所能幻想到的、宏伟而奇特的喷泉应有尽有，其中最大者，可以与凡尔赛宫及圣克劳教堂的喷泉并驾齐驱。

圆明园汇集了当时江南若干名园胜景的特点，融中国古代造园艺术之精华，以园中之园的艺术手法，将诗情画意融化于千变万化的景象之中，是我国园林艺术史上的罕世珍品，也是我国园林艺术历史发展到清代时期一个综合的杰作。圆明园在世界园林建筑史上也占有重要地位，其盛名传至欧洲，被誉为"万园之园"。法国大文豪雨果有这样的评价："你只管去想象那是一座令人心神往的、如同月宫的城堡一样的建筑，夏宫（指圆明园）就是这样的一座建筑。"人们常常这样说："希腊有帕特农神殿，埃及有金字塔、罗马有斗兽场，东方有夏宫。"

圆明园不仅以园林著称，而且也是一座皇家博物馆，收藏极为丰富，堪称文化宝库。雨果曾说："即使把我国（法国）所有圣母院的全部宝物加在一起，也不能同这个规模宏大而富丽堂皇的东方博物馆媲美。"上等的紫檀雕花家具、精致的碎纹瓷器和珐琅质瓶盏，织金织银的锦缎、毡毯、皮货、镀金纯金的法国大钟，精美的圆明园总图，宝石嵌制的射猎图，风景人物栩栩如生的匾额，以及欧洲的各种光怪陆离的装饰品，应有尽有。

圆明园内还收藏有极为丰富的图书文物。文渊阁是仿照宁波范氏天一阁而建的藏书楼，为著名的皇家北四阁之一，建成于乾隆四十年。阁中收藏乾隆钦定《四库全书》和康熙《古今图书集成》各一部。《四库全书》是我国古代最大的一部综合性丛书，收书3400余种，有近8万卷，36000余册。因其篇帙浩瀚，故当时又择其尤要者，编成《四库全书荟要》，计12000册。《荟要》共抄两部，一部贮在故宫藻堂，另一部收藏于长春园含经堂的东厢"味腴书室"。另外，含经堂还有一著名文轩——淳化轩，是专为收藏著名法帖《淳化阁帖》摹版而建的。《阁帖》原是北宁淳化三年（公元992年）摹刻的，包括王羲之、王献之乃至仓颉、夏禹、孔子等九十九人的书法名迹，共分十卷，是我国的第一部大型丛帖，被誉为诸帖之祖。乾隆年间，历时三载，将所摹刻的144块帖版，镶嵌于淳化轩前的二十四间左右回廊之中，这就是著名的《乾隆重刻淳化阁帖》。可惜帝国主义侵略者火烧圆明园时，园内收藏的《四库全书》、《全书荟要》、《古今图书集成》、《淳化阁帖》摹版等珍贵图书文物，都未能幸免于难。

圆明园这座举世名园，于咸丰十年即1860年，遭到英法联军的野蛮洗劫和焚毁。据参与和目击过劫掠现场的英法军官、牧师、记者描述：军官和士兵，英国人和法国人，为了攫取财宝，从四面八方拥进圆明园。有的搬走景泰蓝瓷瓶，有的贪恋绣花长袍，有的挑选高级皮大衣，有的去拿镶嵌珠玉的挂钟，有的背负大口袋，装满了各色各样的珍宝，有的往宽大的口袋里装金条和金叶，有的半身缠着织锦绸缎，有的帽子里放满了红蓝宝石、珍珠和水晶石，有的脖子上挂着翡翠项圈。法军总司令孟托邦的儿子掠得的财宝可值三十万法郎，装满了好几辆马车。一个名叫赫利思的英国军官，一次即从园内窃得二座金佛塔（均为三层，一座高7英尺，一座高6.4英尺）及其他大量珍宝，找了七名壮夫替他搬运回军营，因其在圆明园劫掠致富，享用终身，得了个"中国詹姆"的绰号。侵略者除了大肆抢掠之外，还大肆糟蹋了东西。士兵们带着大斧，把家具统统砸碎，取下上边的宝石。一些人打碎大镜子，另一些人凶狠地向大烛台开枪射击，以此取乐。法国士兵还手抢木棍，将不能带走的东西全部捣碎。

10月18日、19日，三四千名英军在园内到处纵火，大火三昼夜不熄，这座举世无双的园林杰作、中外罕见的艺术宝藏，被一齐付之一炬。偌大的圆明三园内仅有二三十座殿宇亭阁及庙宇、宫门、值房等建筑幸存，但门窗多有不齐，室内陈设、几案均尽遭劫掠。

圆明园被毁后，同治年间在慈禧太后的授意下，曾试图择要重修。当时拟修范围为20余处共3000多间殿宇，主要集中在圆明园前朝区、后湖区和西部、北部一带，以及万春园宫门区、敷春堂口清夏堂等处。但开工不到10个月因财力枯竭被迫停修。光绪二十六年（公元1900年），八国联军入侵北京烧杀掳掠，园内残存及陆续基本修复的共约百座建筑物，再次遭到拆抢，圆明园的建筑和古树名木被彻底毁灭。

其后，圆明园的遗物，又长期遭到官僚、军阀、奸商的巧取豪夺，乃至政府当局的有组织损毁。这样，圆明园终于沦为一片废墟。

苏州园林

苏州园林是中国古典园林中最具有代表性的一批杰作，素有"江南园林甲天下，苏州园林甲江南"的美称。早在宋代已有苏舜钦的沧浪亭，范成大的石湖等。明清时期，建园之风甚盛，造园艺术也达到空前的水平。苏州遗存的园林庭院，有 186 处之多，其中重要的有拙政园、留园、狮子林、沧浪亭等。

拙政园取之于"拙者之为政"，位于苏州娄门内东北侧，是苏州四大名园之一。明正德八年（公元 1513 年）前后，王献臣用大宏寺的部分基地建造。现存园貌主要形成于清末。

全园分东、中、西三部，以中部为主。中部约呈横向矩形，水面较多，也呈横长形，水内堆出东西两座山岛，又用小桥和堤把水面分成数块。在水池西北、西南方向和东南角伸出几条小水湾，岸线弯曲自然，有源源不尽之意。南岸留出较多陆地，建筑主要集中于此。

狮子林为苏州四大名园之一，其景物以山为主，全用太湖石堆叠而成，有的巍巍雄浑，有的瘦削娟秀，嵌空玲珑，盘旋曲折。

　　沧浪亭在苏州诸园中历史最为悠久，是园林建筑中的典范。位于苏州市内三元坊附近，为五代时期王公贵族的别墅。北宋时苏舜钦购作私园，1045 年在水边建沧浪亭，作《沧浪亭记》，园名大振。元明时期园废，改作佛庵。清康熙时重建。

　　此园的特点是水面在园区以外，园内以土石山为中心，建筑环山布置，漏窗式样和图案丰富多彩，古朴自然。

　　狮子林至今已有六百五十多年的历史。元代至正二年（公元 1342 年），元末名僧天如禅师维则的弟子"相率出资，买地结屋，以居其师"。因园内"林有竹万，竹下多怪石，状如狻猊（狮子）者"，又因天如禅师维则得法于浙江天目山狮子岩普应国师中峰，为纪念佛徒衣钵，取佛经中狮子座之意，故名"狮子林"。清末为贝氏祠堂的花园。

　　狮子林主要建筑集中于东、北两面，西、南两面则缀以走廊。水面汇集于中央，著名的石假山则位于池东南。

　　留园位于苏州阊门外。在明万历年间徐时泰建园时，称东园。清嘉庆时，名寒碧庄，俗称刘园。同治年间，盛旭人购得，重加扩建，取留与刘的谐音改名留园。

　　留园占地 30 余亩，集住宅、祠堂、家庵、园林于一身，综合了江南造园艺术，并以建筑结构见长，善于运用大小、曲直、明暗、高低、收放等变化，吸取四周景色，形成一组组层次丰富，错落相连的，有节奏、有色彩、有对比的空间体系。

　　全园的建筑空间可划分为中、东、西、北四个景区：中部以山水见长，池水明洁清幽，峰峦环抱，古木参天；东部以建筑为主，重檐迭楼，曲院回廊，疏密相宜，奇峰秀石，引人入胜；西部环境僻静，富有山林野趣；北部竹篱小屋，颇有乡村田园风味。

太 庙

　　帝王祭祀祖先的宗庙称太庙，按周制，位于宫门前左（东）侧。古代宗庙，是每庙一主：唐夏五庙，商七庙，周亦七庙；汉代则不仅京城立庙，各郡国同时立庙，于是其数达 176 所，这和后来天子宗庙仅太庙一处的制度很不

图中是明代太庙的主殿，面阔十一间，殿内供有死去皇帝的檀香木牌位。明清太庙这种仅立一庙的格局比之汉唐已经大为简化。

相同。大约魏晋时期，每庙一主变为一庙多室、每室一主的形制。魏有四室，晋为七室，东晋增至十室至十四室。原在庙内两厢别立夹室"储"贮放已祧神主，后世则另立祧庙于殿后。至唐代，定为一庙九室；明清亦沿袭一庙九室，另立祧庙之制。

　　较早的太庙遗址为西安汉长安故城南郊的"王莽九庙"遗址。遗址有十一组，每组均为正方形，边长自 260 米至 314 米不等，规模相当大；四周有墙垣覆瓦；各面正中辟门；院内四隅有附属配房，院正中为一夯土台，主体建筑仍采用高台与木结构结合的形式。这种有纵横两个轴、四面完全对称的布局方法，大约是当时祠庙的通例。

明代的太庙基本为明嘉靖年间重建，位于北京故宫前出端门往东，占地约 165000 平方米。太庙本身由高达 9 米的厚墙垣包绕，封闭性很强。南墙正中辟券门三道，用琉璃镶贴，下为白石须弥座，凸出墙面，线脚丰富，色彩鲜明，与平直单一的长墙强烈对比，十分突出。入门有小河，建小桥五座；再北为太庙戟门，五间单檐庑殿，屋顶平缓，翼角舒展，尚为明代规制。

入戟门为广庭，北上为太庙正殿，原为九间，清代改为十一间重檐庑殿，与太和殿同属第一级而尺度稍逊。殿内列皇帝祖先牌位，置龙椅上，代表生人。殿内用黄色檀香木粉涂饰，气味馨芳，色调淡雅。正殿前东西庑列功臣牌位，祭祀时用为陪祀。

社稷坛

北京社稷坛占地 23 万平方米，较太庙大。坛呈方形，二层，高 5 尺，上层五丈见方，下层五丈三尺见方。周围墙也呈方形。坛面依方位铺五色土，墙四面也依方位而各用其色。

知识链接

何为社，何为稷

社稷是土地之神。社者，五土之神，按方位命名：东方青土，南方红土，西方白土，北方黑土，中央黄土。五种颜色的土覆于坛面，称五色土，实际象征国土。稷者，五土之神中特指原隰之祇，即能生长五谷的土地神，农业之神。"社""稷"，反映了我国古代以农立国的社会性质。明初南京曾分为太社、太稷两坛，不久复合为一，遂为定制。

明清社稷坛位于故宫午门前、端门西侧，是皇帝祭祀社稷的场所。

天 坛

天坛位于北京南城正门内东侧，是明清两代皇帝祭天的场所，始建于明永乐十八年（公元1429年）。祭天的坛平面圆形，称圜丘，改建于清乾隆十七年（公元1752年）。祈祷丰收的祈年殿重建于清光绪十六年（公元1890年）。

天坛东西1700米，南北1600米，有两圈围墙，南面方角，北面圆角，象征天圆地方。在内墙门内南有斋宫，供皇帝祭天前斋戒沐浴。再东是由主体建筑形成的南北纵轴线。圜丘在南，有三层石台。圜丘北院内有圆殿皇穹宇，存放

知识链接

中国建筑的颜色

中国建筑使用的颜色首先是建筑等级和内容的表现手段。屋顶的色彩最重要，黄色（尤其是明黄）琉璃瓦屋顶最尊贵，为帝王和帝王特准的建筑（如孔庙）所专用，宫殿内的建筑，除极个别特殊要求的以外，不论大小，一律用黄琉璃瓦。宫殿以下，坛庙、王府、寺观按等级用黄绿混合（剪边）、绿色、绿灰混合。民居等级最低，只能用灰色陶瓦。

（接下页）

祈年殿装修精美，体量宏大。

"昊天上帝"神牌。再北通过丹陛桥大道，可达祈年殿。祈年殿圆形，直径约24米，三重檐攒尖顶覆青色琉璃瓦，下有高6米的三层白石圆台，连台总高38米。青色屋顶与天空色调相近，而且可以暗喻植物的生机勃发与天时的风调雨顺。圆顶攒尖，似已融入蓝天。

天坛的主题为赞颂至高无上的"天"，建筑家充分利用环境艺术手法来突出"天"的肃穆崇高，取得了卓越的成就。如建筑密度很小，覆盖大片青松翠柏，涛声盈耳，造成强烈的肃穆崇高的氛围；内墙不在外墙所围面积正中而向东偏移，建筑群纵轴线又从内墙中线继续向东偏移，共东移约200米，加长了从正门进来的距离，人们在长长的行进过程中，似乎感到离人寰尘世愈来愈远，距神越来越近；圜丘晶莹洁白，衬托出"天"的圣洁空灵，它的两重围墙只有1米多高，对比出圆台的高大，不致遮挡人立台上四望的视线，使境界辽阔；围墙也以深重的色彩对比出石台的白，墙上的白石棂星门

天坛圜丘是皇帝每年在冬至日祭天的场所。

知识链接

按照阴阳五行学说，五行、五方、五色是相对应的，典型如社稷坛方台上铺的五色土。与此对应的还有古代都城的城郭四门，东方苍龙门（对应青色）、南方朱雀门（红）、西方白虎门（白）、北方玄武门（黑）。

宗教建筑中以古塔的色彩象征最为典型。比如北京的北海白塔、妙应寺白塔、辽阳白塔等，塔体洁白，意在暗示佛性洁净无瑕。此外，琉璃塔五色斑斓，其象征意义与佛经记载的佛国五色宝珠暗合。

祈年殿内藻井、梁、柱上满绘彩画，是清代等级最高的以龙为主体的贴金和玺彩画，使整个大殿显得金碧辉煌。

图为祈年殿全景图。

则以其白与石台呼应，有助于打破长墙的单调；长达400米，宽30米的丹陛桥和祈年殿院落也高出周围地面以上，同样也有这种效果。所有这些，都造成了人天相亲相近的意象。

孔 庙

孔庙是祭祀建筑中占有很大比重的一类，几乎遍及全国，但规模最大、历史最久的当推孔丘故宅所在的曲阜孔庙，与北京故宫、河北承德避暑山庄合称中国三大古建筑群。

中国封建社会中，儒家思想占有统治地位，儒家创始人孔丘被尊为万世师表。自汉代起，就已建立孔庙于孔丘故居鲁城阙里。东汉皇帝曾亲至曲阜致祭，孔子后人封侯奉祠。唐玄宗开元年间，追封孔丘王爵，孔庙规模益加宏大。现存曲阜孔庙的规模为宋代奠定，金代重修，明清依旧制重建。

孔庙坐北朝南，东西宽约140米，南北长达600余米，狭而深长。自南而北全庙由多进院落组成，前三进是前导，进入第四进大中门后才是孔庙主体，门内有高大的藏书楼奎文阁。第五进东西横长，院内有各代碑亭十三座。第六

知识链接

孔子生平

孔子（公元前551—前479年），名丘，字仲尼，鲁国人，春秋末期伟大的思想家和教育家，儒家学派的创始人。

孔子早年丧父，家境衰落。他曾说过："吾少也贱，故多能鄙事。"年轻时曾做过"委吏"（管理仓廪）与"乘田"（管放牧牛羊）。虽然生活贫苦，孔子十五岁即"志于学"。他善于取法他人，曾说："三人行，必有吾师焉。择其善者而从之，其不善者而改之。"孔子"三十而立"，并开始授徒讲学。私学的创设，打破了"学在官府"的传统，进一步促进了学术文化的下移。

孔子一生虽抱负在胸，终不得施展。68岁归鲁后，致力于整理文献和继续从事教育。

大成殿前檐柱为 10 根石柱，上面用高浮雕的方式刻出生动的蟠龙，极为精美壮观。

进分左中右三路，以中路为主，大成门内的杏坛覆重檐十字脊歇山屋顶，象征孔子讲学的地方。大成殿是孔庙的核心，石头檐柱满雕盘龙，屋顶为重檐歇山顶，殿前宽大的月台在举行大祭典时列陈舞乐。院落东西廊庑奉祀孔子门徒和历代大儒。院后有寝殿，祀孔子之妻。第七进中路为圣迹殿，藏孔子圣迹图石。

孔庙门前的石坊为金声玉振坊石刻，石鼓夹抱，四根八角石柱顶上饰有莲花宝座，宝座上各蹲踞一个雕刻古朴的独角怪兽"辟天邪"，俗称"朝天吼"。两侧额坊浅雕云龙戏珠，填色"金声玉振"四个大字，笔力雄劲，是明嘉靖十七年（公元 1538 年）著名书法家胡缵宗题写的。坊后是一座单孔石拱桥，桥面是二龙戏珠的石阶，桥下有泮水呈半圆绕过。桥后东西各有一幢石牌，立于金明昌二年（公元 1191 年），上刻"官员人等至此下马"，人称"下马碑"，过去文武官员、庶民百姓从此路过，必须下马下轿，就连皇帝也要下辇而进，以示尊敬。

棂星门是孔庙的大门。古代传说棂星是天上的文星，以此命名寓有国家人才辈出之意，因此古代帝王祭天时首先祭棂星，祭祀孔子规格也如同祭天。棂星门建于清乾隆十九年（公元 1754 年），六楹四柱，铁梁石柱，柱的顶端屹立着四尊天将石像，威风凛凛，不可一世。柱下石鼓抱夹，使建筑风格稳重端庄。

二门又名圣时门，建于明代，形同城门，有三间门洞，前后石陛御道有明代的浮雕二龙戏珠，图中的游龙翻江倒

海，喷云吐雾，气势不凡。圣时门飞檐斗拱，顶为绿琉璃瓦，门前的汉白玉坊，名太和元气坊，盛赞孔子如同天地一般，无所不包。门的东西两侧各立有一座木坊，两坊形制相同，上边置有牌楼，三间四柱，斗拱密集，檐翼起翘，柱上透雕有石狮、天禄像，造型古朴。

奎文阁位于孔庙的中部，是一座藏书楼，也是中国著名的木结构楼阁之一，始建于宋天禧二年（公元1018年），明成化十九年（公元1483年）改建。奎文阁三重飞檐，四层斗拱，面阔七间，进深五间，长30米，宽17.62米，高32.35米。阁的内部有二层阁，中间夹有暗层，结构独特，工艺奇巧。上层是专藏历代帝王御赐的经书、墨迹的场所，明清两代曾专设奎文阁七品典籍官一员进行管理，暗层专藏藏经板，下层专藏历代帝王祭孔时所需的香帛之物。

大成殿是孔庙的主体建筑，面阔九间，进深五间，高32米，长54米，深34米，重檐九脊，黄瓦飞彩，斗拱交错，

◇知◇识◇链◇接◇

什么叫"金声玉振"

孟子对孔子有过这样的评价："孔子之谓集大成。集大成者，金声而玉振之也。金声也者，始条理也；玉振之也者，终条理也。""金声"、"玉振"表示奏乐的全过程，以击钟（金声）开始，以击磬（玉振）告终，以此象征孔子思想集古圣先贤之大成，赞颂孔子对文化的巨大贡献。因此，后人把孔庙门前的石坊也命名为"金声玉振"。

图中是孔庙的主体建筑——大成殿。

雕梁画栋，周环回廊，巍峨壮丽。擎檐有石柱28根，高5.98米，直径达0.81米。两山及后檐的十八根柱子浅雕云龙纹，每柱有七十二团龙。前檐十柱深浮雕云龙纹，每柱二龙对翔，盘绕升腾，似脱壁欲出，精美绝伦。殿内高悬"万世师表"等十方巨匾，三副楹联，都是清乾隆帝手书。殿正中供奉着孔子，七十二弟子及儒家的历代先贤塑像分侍左右。殿下是巨型的须弥座石台基，高2米，占地1836平方米。殿前露台轩敞，旧时祭孔的"八佾舞"也在这里举行。

在大成殿前的院落正中，相传是孔子的讲学之所——杏坛。北宋天圣二年（公元1024年）建坛，坛周围环植以杏，遂名为杏坛。金代又在坛上建亭，明隆庆三年（公元1569年）重修，即今日之杏坛。杏坛是一座方亭，重檐，四面歇山顶，十字结脊，黄瓦飞檐二层，双重斗拱。亭内藻井雕刻精细，彩绘金龙，色彩绚丽。亭四周杏树繁茂，生机盎然。

庙内还存有两汉以来历代碑碣二千多方，真草隶篆，诸体具备，其中尤以汉魏六朝的碑刻称誉海内外。

恭王府

明清时期，城市宅园发展较快，其中著名的私家园林有五十余处，清朝时期更是多达一百多处，最著名的是至今还保存完整的北京恭王府。

恭王府是府邸与宅园相结合的园林建筑，整个园邸平面成方形，东西长约170米，南北宽约150米，总面积约38.5亩。府邸部分由三组气魄雄伟的宫殿式建筑组成，一道恰如缩小了的城关，把府邸与园林分割开来，这在我国的园林设计布局中是非常罕见的。它把城墙的门洞作为后花园的园门，在城门洞拱券的上面，有花岗石一块，上刻"榆关"二字，点出了与一般园林入口的不同。

从"榆关"下行，沿着山涧小径，石级时而上下蜿蜒，时而有平台过渡，到了山下的北部，回头望去，那假山簇拥着城墙，像马蹄一样兜抱全园。以青石为主叠成的假山，使人有山石峥嵘，群峰耸翠，刚劲挺拔之感。前行，穿过"青云片"洞门，有一块五米多高的太湖石峰，上刻"福来峰"三字，也有人称为飞来峰，此石既有嶂景的作用，也有自成景观的作用。

在"福来峰"之北，有一池清水横在眼前，山水多变，高下有致，近处独

峰耸翠，秀映清池，使人无孤山独水之感，又有隐露于山林中的城墙，有"一城山水半城湖，全城尽在湖水中"的画意。在这里，人们能体会到山、城、水、亭、绿化等组景的布局手法之奥妙，这也是恭王府与其他园林极为不同的重要艺术特点。

从这里往东，有一组幽深而清静的小庭院，院落内回廊曲折，翠竹摇曳，与山石水景区形成封闭与开朗的对比，成为园中之园。传说，这里曾是林黛玉住过的"潇湘馆"。此庭院有回廊与戏楼和该园的主要建筑后堂相连接。后堂的北面，便是全园的主景部分：观月台。

观月台在假山的顶部，山前临一池湖水，池中点以玲珑的山石，湖石叠置横卧悬挑很有章法，台上建榭，下为洞壑，洞内正中，有康熙手书"福"字碑。

从观月台北面沿叠石假山下来，到最后一排书斋，以它为主组成了最后一进庭院，它是全园的收尾处。这里的登山盘道与书斋建筑相连，山脚悬挑与建筑台基相接，下

恭王府位于北京前海西街，是清代规模最大的一座王府，这是至今保存最好的一座王府，曾是和珅的宅邸。

面腾空的台基与东西走向的通道组成了别出心裁的立体交通。

　　恭王府园邸与曹雪芹所描写的大观园有许多相似之处，但到底是曹雪芹以它为模特儿来写大观园，还是恭王府的园邸以曹雪芹所设计的大观园的意境来布置恭王府，还有待于我们随着时间的流逝慢慢去揭示谜底。

雍和宫

　　雍和宫位于北京市区东北角，明代是太监的官房，清康熙三十三年（公元 1694 年），康熙帝在此建造府邸、赐予四子雍亲王，称雍亲王府。雍正三年（公元 1725 年），改王府为行宫，称雍和宫。因乾隆帝诞生于此，这里成了"龙潜福地"，所以殿宇为黄瓦红墙，与紫禁城皇宫一样规格。乾隆九年（公元 1744 年），改为藏传佛教格鲁派寺庙，成了清政府管理喇嘛教事务的中心，也是全国规格最高的一座佛教寺院。

图中是雍和宫景观。

雍和宫南北长近 400 米，占地约 66 平方米，具有将汉、满、蒙、藏等多种建筑艺术融为一体的独特艺术风格。整个寺庙有七进院落、五层殿堂，由南往北，依次为牌楼院、昭泰门、天王殿、雍和宫殿、永佑殿、法轮殿、万福阁等建筑。整个建筑布局院落从南向北渐次缩小，而殿宇则依次升高，形成"正殿高大而重院深藏"的格局。

雍和宫南院有一座巨大影壁、三座高大牌楼和一对石狮。过牌楼，有方砖砌成的绿荫甬道，俗名辇道。往北便是雍和宫大门昭泰门，门内两侧是钟鼓楼，外部回廊，富丽庄严，别处罕见。鼓楼旁有一口重八吨的昔日熬腊八粥的大铜锅，十分引人注目。

往北，有八角碑亭。站在八角碑亭旁，便见悬挂着乾隆帝题匾"雍和门"的天王殿。殿前的青铜狮子，造型生动。殿内正中金漆雕龙宝座上，坐着笑容可掬、袒胸露腹的弥勒佛。大肚弥勒后面，是脚踩浮云，戴盔披甲的护法神将韦驮。大殿东西相对而立泥金彩塑四大天王，天王脚踏鬼怪，表明天王镇压邪魔，慈护天下的职责和功德。

出雍和门，院中依次有铜鼎、御碑亭、铜须弥山、嘛呢杆和主殿雍和宫。主殿原名银安殿，是当初雍亲王接见文武官员的场所，改建喇嘛庙后，相当于一般寺院的大雄宝殿。殿内正北供三尊高近 2 米的铜质三世佛像。三世佛像有两组：一组是中为娑婆世界释迦牟尼佛，左为东方世界药师佛，右为西方世界阿弥陀佛。这是空间世界的三世佛，表示到处皆有佛。另一组佛像表示过去、现在和未来，即中为现在佛释迦牟尼佛，左为过去佛燃灯佛，右为未来佛弥勒佛，说明无时不有佛。空间为宇，时间为宙，意为宇宙是佛的世界。正殿东北角供铜观世音立像，西北角供铜弥勒立像。两面山墙前的宝座上端坐着十八罗汉。

永佑殿的建筑结构同天王殿，为单檐歇山式"明五暗十"构造，即外面看是五间房子，实际上是两个五间合并在一起改建而成。永佑殿是雍亲王的书房和寝殿，后成为清朝供先帝的影堂。殿内正中莲花宝座上，是三尊高 2.35 米的佛像，系檀木雕制，中为无量寿佛（即阿弥陀佛），左为药师佛，右为狮吼佛。

出永佑殿，便到法轮殿。法轮殿建筑雄伟，平面呈十字形，黄琉璃瓦殿顶上建有五座天窗式的暗楼，五座铜质鎏金宝塔，为藏族传统建筑形式。殿内正中巨大的莲花台上端坐一尊高 6.1 米的铜制佛像，面带微笑，是藏传佛教黄教的创始人宗喀巴大师。这尊铜像塑于1924年，耗资20万银元，历时2年才成。宗喀巴像背后，是被誉为雍和宫木雕三绝之一的五百罗汉山，高近5米，长3.5米，厚30厘米，全部由紫檀木雕镂而成。五百罗汉山前有一金丝楠木雕成的木盆，据说当年乾隆帝呱呱坠地后三天，曾用此盆洗澡，俗名"洗三盆"。

出法轮殿，便是高25米，飞檐三重的万福阁。万福阁黄瓦歇山顶三层楼阁，为宫内最大建筑。阁左右并列永康阁和延绥阁，两座楼阁以悬空阁道相通，三阁成为一组宏丽轩昂的建筑群，宛如仙宫楼阙，具有辽金时代的建筑风格。万福阁内巍然矗立一尊弥勒佛，高18米，地下埋入8米，佛身宽8米，是由六世达赖喇嘛进贡的，由一整棵名贵的白檀香木雕刻而成，是世界最大的木雕佛，也是雍和宫木雕三绝之一。据说乾隆帝为雕刻大佛，用银达八万余两。还有一个木雕三绝在万佛阁前东配殿照佛楼内，名金丝楠木佛龛，采用透雕手法，共有九十九条云龙，条条栩栩如生。

雍和宫规模宏大，殿宇巍峨，建筑豪华，气势轩昂，其前半部疏朗开阔，后半部密集而有起伏，疏密相间，殿阁错落，飞檐宇脊纵横，有着不同于一般寺院的行宫气势。

大同九龙壁

大同九龙壁被誉为"九龙壁之首"，在山西大同和阳街，为明太祖第十三子朱桂代王府前的照壁。王府于崇祯末年（公元1644年）毁于兵火，九龙壁因隔和阳街而立，故独以保存至今。该壁东西长45.5米，高8米，厚2.02米，比北海九龙壁约长一倍，建造时间早300年，比故宫九龙壁长三分之一，早400年，是我国现存三座九龙

龙壁是什么

龙壁是我国特有的建筑形式照壁的一种，有保护风水、镇魔逐邪、装饰点缀、昭示身份、象征权力富贵、遮挡视线等作用。龙壁有砖雕、泥塑、彩绘、琉璃等多种形式，而以琉璃烧制的色彩最艳丽、艺术价值也最高。龙壁有一龙壁、三龙壁、五龙壁、七龙壁、九龙壁等多种形式，以九龙壁最为尊贵。九龙壁通常建在帝后、王公居住或经常出入的宫殿、王府、寺院等建筑正门的对面。我国的九龙壁中以大同、北海和故宫的最为著名。

壁中建筑年代最早、最高、最大、最巍峨壮观、最富艺术魅力的一座。

据大同一带的民间传说：明朝开国皇帝朱元璋建立明朝之后，分封自己的儿子们天下为王，其中第十三子朱桂被封为代王镇守大同。但朱桂天生不是王者之才，活脱一个愚钝顽童，来到大同之后，专横跋扈、乱杀无辜，弄得民不聊生，百姓怨声载道。朱桂的妻子是大将徐达之女，长相丑陋不堪，十分嫉妒侍女美貌，经常给侍女抹黑脸面打扮丑态，侍女们敢怒不敢言。夫妻二人一块儿胡闹，因此在大同留下骂名，一直流传至今。

九龙壁分为须弥座、壁身和庑壁顶三部分。须弥座，也称基座，为束腰形，高2.09米，由75块琉璃砖组成，浮雕两层琉璃兽，一层是麒麟、狮子、鹿、马、羊、狗、兔等动物，另一层是小型行龙。兽、龙形象生动，神态各异，栩栩如生。九龙壁东西两端分别是"旭日东升"、"明月当空"的图案。

壁身为主体部分，高3.72米，整体使用孔雀蓝、绿、正黄、中黄、浅黄、紫等色，用426块琉璃构件分六层拼砌而成九条飞龙，龙的造型雄壮有力，气势磅礴，为北海和故宫两座九龙壁所不及。上部为斗拱装饰，琉璃瓦兽顶歇山式，上有九条巨龙腾飞于惊涛骇浪之中，又有奇山异石相通，画面构图独具匠心，富于想象力。正中的为正黄色主龙，这是唯帝王方可使用的颜色。龙头向上，龙身向上弯曲，盘卷回旋，似正襟危坐，大概是王府主人的形象。中心龙两侧的一对浅黄色龙，为飞行之龙，龙头向东，龙尾伸向中心龙，神情潇洒，怡然自得。第二对龙为中黄色，头尾均向西，形态飘逸，古朴大方。第三对龙为紫色，是对飞舞之龙，神情凶猛暴怒，大有倒海翻江之势。第四对龙呈黄绿色，神采飞扬，气宇轩昂。九条巨龙伸爪抱珠，

北海九龙壁

　　北海九龙壁在波光粼粼的北海，临水而建一组精巧的建筑五龙亭，五龙亭以北，即驰名中外的九龙壁。九龙壁建于清乾隆二十一年，也就是公元1756年，虽历经二百多年风雨侵蚀，颜色依然十分鲜艳。

　　北海九龙壁高6.5米，厚1.2米，长27米，体魄巨大精美，嵌有山石、海水、流云、日出和明月图案，总共有龙635条。九龙壁运用当时中国独一无二的七彩琉璃砖，它颜色鲜艳，加上阳光的反射作用，使人感觉龙好像活了起来。

捕风弄雨、盘曲回绕，体态雄健、色彩绚丽，栩栩如生。巨龙之间以云雾、流云、波涛、山崖和水草相隔相连，五彩斑斓，蔚然壮观。壁身下部是青绿色的汹涌波涛，上部是蓝色的云雾和黄色流云。

壁顶为仿木构单檐五脊顶，由62组琉璃斗拱承托，正脊脊顶两侧有高浮雕的多层花瓣的莲花及游龙等图案，两端是龙吻、饕首。飞椽、额坊均雕镂得细致、逼真。

九龙壁前还建一长34.9米，宽4.38米，深0.9米的水池，池中间建石桥，以石柱围绕，石柱雕有各种姿态的各种动物形象。每当夏秋之际九条巨龙映射池中，池水流动，九龙摆尾腾空，大有欲上青天之势。

棠樾牌坊群

安徽歙县棠樾牌坊群，又称棠樾七牌坊，按忠、孝、节、义顺序从村外向村内排列，前五座为三间四柱冲天石柱式清代石坊，后两座为三间四柱三楼卷草型纹斗脊式明代石坊，雄伟壮观。牌坊群一改以往木质结构为主的特点，几乎全部采用石料，且以质地优良的"歙县青"石料为主，这种青石牌坊高大挺拔、恢宏华丽、气宇轩昂，是明清时期建筑艺术的代表作。

第一座牌坊始建于明代嘉靖年间，距今已有450余年。牌坊四柱落墩，古朴雄伟，在挑檐下的"龙凤板"上，"圣旨"两字镶在其中，横梁正反各有浮雕雄狮一对，英武异常。被皇帝表彰的是鲍灿，一生并未做过官，因教育子孙有方，其孙又在捍卫明室江山的战斗中，屡建奇功，被皇帝"荣封三代"，特为其祖立坊。

第二座牌坊为始建于明代永乐年间的"慈孝里"牌坊，乃皇帝亲批"御制"，其政治待遇之高，可见一斑。牌坊上

知识链接

故宫九龙壁

故宫九龙壁在故宫皇极殿皇极门前，是我国唯一与原建筑一起完好保存下来的九龙壁，建于清乾隆三十七年。传说乾隆十分喜爱北海九龙壁，遂在皇极门前仿建了一个，供装饰、欣赏之用。

安徽歙县棠樾入口
处建有七座牌坊，它们
先是面向东北再逐渐转
而面东，沿村口道路依
次排列。

铭刻的"慈孝诗"记载了一个感人的故事。鲍家一子见父
将被人杀害，便求代死。而父为了鲍氏家族不断香火，要
求处死自己，不殃子孙。鲍家父子上慈下孝之举感天动
地，也感动了下江南的乾隆皇帝，他欣然写下"慈孝天下
无双里，锦绣江南第一乡"，并拨银将"慈孝里"牌坊重
新修缮，并增其旧制，刻御题对联于其上。一座牌坊几朝
皇帝加封，这在我国历史上也不多见。

　第三、四、五座牌坊分别是"立节完孤"牌坊、"乐善
好施"牌坊、"节劲三圣"牌坊，每座都有感人肺腑的故事。
值得一提的是"节劲三圣"坊是为一位继母所建。据说这
位继母在夫亡之后，历尽妇道，对前妻之子重于亲生，年

老之后又倾其家产，为亡夫维修祖坟。这一举动感动了当地官员，打破继妻不准立坊的常规，破例为她建造了一座规模与其他牌坊相当的牌坊。尽管得此厚爱，在牌坊额上"节劲三圣"的"节"字的草头与下面的"卩"错位雕刻其上，以示继室与原配在地位上是永远不能平等的。

歙县棠樾青石牌坊群，既不用钉，又不用铆，石与石之间巧妙结合，历千百年不倒，一座座直冲云霄，一座座精心设计和施工，不仅给后人留下宝贵的精神财富，也留下了文化艺术和建筑技术等方面的财富。

武当山建筑群

武当山古建筑群坐落在沟壑纵横、风景如画的湖北武当山麓。武当山又名"太和山"，相传为道教玄武大帝修仙得道飞升之胜地，历代道教名流曾在此修炼。据记载，唐太宗贞观年间即在灵应峰创建五龙祠。宋、元以来又有开拓扩建。永乐十年（公元1412年），明成祖曾动用军夫三十多万人在此大兴土木。嘉靖三十一年（公元1552年）"治世玄岳"牌坊建成，从而形成了九宫、八观、七十二岩庙、三十六庵堂的大型建筑群，总面积达160万平方米的规模，是中国现存最完整、规模最大、等级最高的道教古建筑群。

武当山古建筑群主要包括：太和宫、紫霄宫、南岩宫、复真观、"治世玄岳"牌坊等。

武当山建筑群，"世界文化遗产之一"。

太和宫位于武当山主峰天柱峰的南侧，包括古建筑二十余栋，建筑面积1600多平方米，主要由紫金城、古铜殿、金殿等建筑组成。紫金城始建于明成祖永乐十七年（公元1419年），是一组建在悬崖峭壁上，环绕于天柱峰峰顶的城墙，周长345米，墙基厚2.4米，墙厚1.8米，城墙最高处达10米，用条石依岩砌筑，每块条石重达500多公斤，按中国天堂的模式建有东、南、西、北四座石雕仿木结构的城楼象征天门。石雕建筑在悬崖陡壁之上，设计巧妙，施工难度非常大，是明代建筑科学与艺术完美结合的产物。古铜殿始建于元大德十一年（公元1307年），位于主峰前的小莲峰上，高3米，阔2.8米，深2.4米，悬山式屋顶，全部构件为分件铸造，卯榫拼装，各铸件均有文字标明安装部位，是中国现存最早的铜铸木结构建筑。金殿始建于明永乐十四年（公元1416年），位于天柱峰顶端，是中国现存最大的铜铸鎏金大殿。面积约160平方米，殿面宽与进深均为三间，阔4.4米，深3.15米，高5.54米，四周立柱十二根，柱上叠架、额、枋及重翘重昂与单翘重昂斗拱，分别承托上、下檐部，构成重檐庑殿式屋顶，正脊两端铸龙对峙，四壁于立柱之间装四抹头格扇门。殿内顶部作平棋天花，浅雕流云纹样，线条柔和流畅。地面以紫色石纹墁地，洗磨光洁。殿内后壁屏风前设神坛，塑真武大帝坐像，左侍金童捧册，右侍玉女端宝，水火二将执旗捧剑拱卫两厢。殿体各部件采用失蜡法铸造，遍体鎏金，无论瓦作，还是木作构件，都结构严谨，合缝精密，虽历经五百多年的风吹雨蚀，至今仍辉煌如初，显示了我国铸造工业发展的高度水平，堪称现存古建筑和铸造工艺中的一颗灿烂明珠。

紫霄宫是古建筑群中规模最为宏大、保存最为完整的一处道教建筑，位于武当山东南的展旗峰下，始建于北宋宣和年间（公元1119—1125年），明嘉靖三十一年（公元1552年）扩建，清嘉庆八年至二十五年（公元1803—1820年）大修。现存有建筑29栋，建筑面积6854平方米。中轴线上为五级阶地，由上而下递建龙虎殿、碑亭、十方堂、紫霄殿、圣文母殿，两侧以配房等建筑分隔为三进院落，构成一组殿堂楼宇、鳞次栉比、主次分明的建筑群。宫内主体建筑紫霄殿是武当山最具有代表性的木构建筑，其建筑式样和装饰具有明显的明代特色。大殿面阔进深各五间，高18.3米，阔29.9米，深12米，面积358.8平方米，建在三层石台基之上，台基前正中及左右侧均有踏道通向大殿的月台。大殿为重檐歇山顶式大木结构，由三层崇台衬托，比例适度，外观协调。殿内金柱斗栱，施井口天花，明间内槽有斗八藻井，明间后部建有刻工精致的石须弥座神龛，其中供玉皇大帝，左右胁侍神像。紫霄殿的屋顶全部盖孔雀蓝琉璃瓦，正脊、垂脊和戗脊等以黄、绿两色为主镂空雕花，装饰丰富多彩华丽，为其他宗教建筑所少见。

南岩宫位于武当山独阳岩下，始建于元至元二十二年至元至大三年（公元1285—1310年），明永乐十年（公元1412年）扩建。现存建筑21栋，建筑面积3505平方米，占地9万平方米，有天乙真庆宫石殿、两仪殿、皇经堂、八封亭、龙虎殿、大碑亭和南天门建筑物。主体建筑天乙真庆宫石殿，面阔11米，进深6.6米，通高6.8米，梁、柱、门、窗等均以青石雕凿而成，顶部前坡为单檐歇山式，后坡依岩作成悬山式，檐下斗均作两挑，为辽金建筑斗栱的做法。其中，龙头香长3米，宽仅0.33米，横空挑出，下临深谷，龙头上置一小香炉，状极峻险，具有较高的艺术性和科学性。

复真观建于明永乐十年（公元1412年），清康熙二十二年（公元1683年）重修，位于狮子峰前，现存建筑20栋，建筑面积3505平方米，占地6万平方米。观门侧开依山势建夹墙复道，状如游龙。中轴线上建有照壁、梵帛炉、龙虎殿、大殿、太子殿。左侧道院建皇经堂、芷经阁、庙亭、斋房，随山势重叠错落。前有五云楼，楼翼角立柱上架设十二根梁枋，交叉叠阁，为大木建筑中少见的结构，有"一柱十二梁"之称。

"治世玄岳"牌坊又名"玄岳门"，位于武当山镇东四公里处，是进入武当山的第一道门户。牌坊始建于明嘉靖三十一年（公元1552年），系石凿仿大木建筑结构，三间四柱五楼牌坊，高11.9米，阔14.5米。坊柱高6.4米，柱周设夹杆石以铁箍加固。此坊结构简练，构件富于变化，全用卯榫拼合，装配均衡严谨，坊身装饰华丽，雕刻精工，运用线刻、圆雕、浮雕等方法，雕刻了人物、动物和花卉图案等，是南方石作牌楼之佳作，也是明代石雕艺术珍品。

此外，武当山各宫观中还保存有各类造像1486尊，碑刻、摩岩题刻409通，法器、供器682件，还有大量图书经籍等，是十分珍贵的文化遗存。

武当山古建筑群主体以宫观为核心，主要宫观建筑在内聚型盆地或山助台地之上，庵堂神祠分布于宫观附近地带，自成体系，岩庙则占峰踞险，形成"五里一庵十里宫，丹墙翠瓦望玲珑"的巨大景观，在建筑艺术、建筑美学上达到了极为完美的境界。

平遥古城

平遥是著名的"晋商"的发源地之一。清代道光四年（公元 1824 年），中国第一家现代银行的雏形"日升昌"票号在平遥由乔致庸创办诞生。三年之后，"日升昌"在中国很多省份先后设立分支机构。19 世纪 40 年代，它的业务更进一步扩展到日本、新加坡、俄罗斯等国家。当时，在"日升昌"票号的带动下，平遥的票号业发展迅猛，鼎盛时期这里的票号竟多达二十二家，一度成为中国金融业的中心。

古城始建于西周宣王时期，旧有夯土城垣，相传为西周大将尹吉甫所筑。明代洪武三年（公元 1370 年）扩建，距今已有 2700 多年的历史。迄今为止，它还较为完好地保留着明、清时期县城的基本风貌，堪称我国汉民族地区现存最为完整的古城。

图中便是平遥古城全景。

整个城池面积 2.25 平方公里，平面布局形似龟状，有"龟前戏水，山水朝阳"之说，俗称"乌龟城"。古城整体空间布局井然有序，以南大街为中轴线，市楼跨街而过，对称式布局，左城隍庙，右县衙署；左文庙，右武庙；左清虚观，右集福寺。

镇国寺位于山西平遥，其大殿建于北汉天会七年，面阔三间11.57米，进深三间10.77米，平面近似方形，歇山屋顶。

人称平遥有三宝，古城墙便是其一。古城墙建于明洪武三年（公元1370年），周长6.4公里，明、清两代都有补修，但基本上还是明初的形制和构造。城为方形，墙高12米左右，外表全部砖砌，墙上筑有垛口，墙外有护城河，深广各4米。城周辟门六道，东西各二，南北各一。东西门外又筑以瓮城，有3000个垛口，72座敌楼，据说象征孔子三千弟子及七十二圣人。城墙历经了600余年的风雨沧桑，至今仍雄风犹存。

古城北门的镇国寺是古城的第二宝。该寺的万佛殿建于五代时期，是中国排名第三位的古老木结构建筑，距今已有一千余年的历史。殿内五代时期的彩塑更是不可多得的雕塑艺术珍品。

古城的第三宝是位于城西南的双林寺。该寺修建于北齐武平二年（公元571年），寺内十余座大殿内保存有元代至明代的彩塑造像两千余尊，被人们誉为"彩塑艺术的宝库"。

平遥古城的又一特色是城内的街道、商店和民居都保持着传统的布局与风貌。街道有"四大街，八小街，七十二条蚰蜒巷"之称，道路骨架纵横，大街小巷分明，街巷名称雅致。商店铺面沿街而建，铺面结实高大，檐下绘有彩画，房梁上刻有彩雕，古色古香。铺面后的居民宅全是青砖灰瓦的四合院，轴线明确，左右对称。主建筑正房为三间或五间砖拱券窑洞，前面建木构坡檐，明柱上有雀替和木雕。屋顶为平顶，有的上筑照壁、风水楼；东西厢房及倒座南房，均为单坡向内坡木结构瓦屋顶，街门一般在中轴线左侧倒座梢间或轴线上，街门对面有影壁。像这样保存完整的四合院大约有四百多处。

丽江古城

丽江古城又名大研镇，坐落在海拔两千四百余米的云贵高原丽江坝中部，始建于宋末元初，全城面积 3.8 平方公里，是我国唯一没有城墙的古城，据说是由于丽江世袭统治者姓木，筑墙势必如木字加框而成"困"字之故。丽江古城的纳西名称叫"巩本知"，"巩本"为仓廪，"知"即集市，可知丽江古城曾是仓廪集散之地。

位于丽江古城以北 8 公里处的白沙民居建筑群，分布在一条南北走向的主轴上，中心为一梯形广场，一股泉水

图中是丽江古城一景。

由北面引入广场，四条巷道从广场通向四方，极具特色，为后来丽江古城的布局奠定了基础。

丽江街道依山势而建，顺水流而设，以红色角砾岩（五花石）铺就，雨季不泥泞、旱季不飞灰，石上花纹图案自然雅致，质感细腻，与整个城市环境相得益彰。四方街是丽江古街的代表，四方街为一个大约一百平方米的梯形小广场，位于古城的核心位置，五花石铺地，街道两旁的店铺鳞次栉比。其西侧的制高点是科贡坊，为风格独特的三层门楼。西有西河，东为中河。西河上设有活动闸门，可利用西河与中河的落差冲洗街面。

古城区内桥梁众多，共有桥梁354座，其密度为平均每平方公里93座。桥梁的形制多种多样，较著名的有锁翠桥、大石桥、万千桥、南门桥、马鞍桥、仁寿桥，均建于明清时期。其中以位于四方街以东一百米的大石桥最具特色。大石桥由明代木氏土司所建，因从桥下河水中可看到玉龙雪山倒影，又名映雪桥。该桥系双孔石拱桥，拱券用板岩石砌，桥长10余米，宽近4米，桥面用传统的五花石铺砌，坡度平缓，便于两岸往来。

古城内的木府原为丽江世袭土司木氏的衙署，始建于元代，占地46亩，坐西向东，沿中轴线依地势建有忠义坊、义门、前议事厅、万卷楼、护法殿、光碧楼、玉音楼、三清殿、配殿、阁楼、戏台、过街楼、家院、走廊、宫驿等十五幢，大大小小计162间。衙内挂有几代皇帝钦赐的十一块匾额，上书"忠义"、"诚心报国"、"缉宁边境"等，反映了木氏家族的盛衰历史，故有人评价："木府是凝固的丽江古乐，是当代的创世史诗。"

位于城内福国寺的五凤楼始建于明代万历二十九年（公元1601年），楼高20米，基呈亚字形，楼台三叠，屋檐八角，共24个飞檐，就像五只彩凤展翅来仪，故名"五凤楼"。全楼共有32棵柱子落地，其中四棵中柱各高12米，柱上部分用斗架手法建成，楼尖贴金实顶。天花板上绘有太极图、飞天神王、龙凤呈祥等图案，线条流畅，色彩绚丽。五凤楼融合了汉、藏、纳西等民族的建筑艺术风格，是中国古代建筑中的稀世珍宝和典型范例。

丽江古城有别于中国任何一座王城，未受"方九里，旁三门，国中九经九纬，经途九轨"的中原建城影响，城中无规矩的道路网，无森严的城墙。古城布局中的三山为屏、一川相连；水系利用中的三河穿城、家家流水；街道布局中"经络"设置和"曲、幽、窄、达"的风格；建筑物的依山就水、错落有致的设计艺术在中国现存古城中极为罕见，是纳西族先民根据民族传统和环境再创造的结果。

乔家大院

乔家大院，又名在中堂，位于山西祁县乔家堡村，北距太原 54 公里，是清代著名商业金融资本家乔致庸的宅第。大院始建于清乾隆二十年（公元 1756 年），以后约在清同治年间，由乔致庸主持了第一次扩建，光绪中、晚期，由乔景仪、乔景俨进行了第二次扩建，在民国十年左右，由乔映霞、乔映奎分别完成了最后一次增修。从始建到最后建成现的格局，中间经过近两个世纪，虽然时间跨度很大，但扩建和增修都能按原先的构思进行，使整个大院风格一致，浑然一体。

整个大院占地 8724 平方米，建筑面积 3870 平方米，分六个大院，内套 20 个小院，313 间房屋。纵观全院，从外面看，威严高大，整齐端庄；进院里看，富丽堂皇，井然有序，显示了我国北方封建大家庭的居住格调。

从高空俯视乔家大院院落布局，很似一个象征大吉大利的双"喜"字。大院形如城堡，三面临街，四周全是封闭式砖墙，高三丈有余，上边有掩身女

乔家大院俯视图。

儿墙和瞭望探口，既安全牢固，又显得威严气派，其设计之精巧，工艺之精细，充分体现了我国清代民居建筑的独特风格。

大院大门坐西向东，为拱形门洞，上有高大的顶楼，顶楼正中悬挂着山西巡抚受慈禧太后面谕而赠送的匾额，上书"福种琅环"四个大字。黑漆大门扇上装有一对椒图兽衔大铜环，并镶嵌着铜底板对联一副："子孙贤，族将大；兄弟睦，家之肥。"字里行间透露着在中堂主人的希望和追求，也许正是遵循这样的治家之道，在中堂经过连续几代人的努力，达到了后来人丁兴旺、家资万贯的辉煌。大门顶端正中嵌青石一块，上书"古风"，雄健的笔力同这两个字所代表的承接古代质朴生活作风的本意，相得益彰，耐人寻味。大门对面的掩壁上，刻有砖雕"百寿图"，字字不同，字字有风采。掩壁两旁是清朝大臣左宗棠题赠的一副意味深长的篆体楹联："损人欲以复天理，蓄道德而能文章。"楹额是"履和"。这同作为巨商大贾的乔家所秉承的和为贵的中庸之道是很相宜的。

进入大门，长80米的石铺甬道西尽头处是雕龙画栋的乔氏祠堂，祠堂装点得十分讲究，三级台阶，庙宇结构，狮子头柱，汉白玉石雕，寿字扶栏，通天棂门木雕夹扇。出檐以四条柱子承顶，两明两暗，柱头有玉树交荣、兰馨桂馥、藤萝绕松的镂空木雕，装饰精彩，富丽堂皇。额头有李鸿章题匾，上书"仁周义溥"四字。

甬道把六个大院分为南北两排，北面三院均为开间暗棂柱走廊出檐大门，便于车、轿出入。从东往西数，一、二院为三进五联环套院，是祁县一带典型的里五外三穿心楼院，里外有穿心过厅相连。里院北面为主房，二层楼，和外院门道楼相对应，宏伟壮观。南面三院为二进双通四合斗院，硬山顶阶进式门楼，西跨为正，东跨为偏。正院为族人所住，偏院为花庭和佣人宿舍。中间和其他两院略有不同，正面为主院，主厅风道处有一旁门和侧院相通。每个主院的房顶上盖有更楼，并配置修建有相应的更道相通，既把整个大院连了起来，又便于巡更护院。

乔家大院闻名于世，不仅因为它宏伟壮观的房屋，更主要的是它在一砖一瓦、一木一石上都体现了精湛的建筑技艺。

从门的结构看，有硬山单檐砖砌门楼、半出檐门、石雕侧跨门、一斗三升十一踩双翘仪门等。窗子的格式有仿明酸枝棂丹窗、通天夹扇菱花窗、栅条窗、雕花窗、双启型和悬启型及大格窗等，各式各样，变化无穷。再从房顶上看，有歇山顶、硬山顶、悬山顶、卷棚顶、平房顶等，这样形成平的、低的、高的、凸的、无脊的、有脊的、上翘的、垂弧的，每地每处都是别有洞天，让人赏心悦目，品味无穷。

大院还有更迷人之处，那就是随处可见的精致的板绘工艺和巧夺天工的木雕艺术，据统计，全院有木雕艺术品三百余件。每个院的正门上都雕有各种不同的人物。如一院正门为滚檩门楼，有垂柱麻叶，垂柱上月梁斗子、卡风云子、十三个头的旱斗子，当中有柱斗子、角斗子、混斗子，还有九只乌鸦，可称一等的好工艺。二进门和一门一样，为菊花卡口，窗上有旱纹，中间为草龙旋板。三门的木雕卡口为葡萄百子图。二院正门木雕有八骏马及福禄寿三星图，又叫三星高照图。二院二进门木雕有：花博古和财神喜神。

此外，柱头上的木雕也是多种多样，如八骏、松竹、葡萄，表示蔓长多子、挺拔、健壮；芙蓉、桂花、万年青，表示万年富贵。

乔家大院建筑外观类似城堡，给人以封闭的感觉。图中展示的是其门的结构形式。

乔家大院内的建筑建构宏大，斗拱飞檐，木雕装饰华丽，被誉为"北方民居建筑的一颗明珠"。

"暗八仙"也是传统装饰纹样的一种，是以古代传说中八位神仙所执的器物而组成图案。相传汉钟离轻摇小扇乐陶然，常执小扇；吕洞宾剑显灵光魅魅惊，常背一剑；张果老渔鼓敲起有梵音，常执渔鼓；曹国舅玉板和声万籁清，常执玉板；铁拐李葫中岂只存五福，常带葫芦；韩湘子紫萧吹度千满静，常执一萧；蓝彩和花篮内蓄无凡品，常携花篮；何仙姑手执荷花不染尘，常执荷花。因只采用他们所执器物，不画仙人，故称"暗八仙"，含有吉祥之意，明、清时采用较多。

砖雕工艺更是到处可见，题材非常广泛。如一院大门上雕有四个狮子，即四狮（时）吐云，马头上雕有"和合二仙"抬着金银财宝，卡圆上雕有兰花，掩壁上为"龟背翰锦"，为六边形骨架组成的连续几何图形，因它像龟的背纹而得名。

二进院马头上为四果及"暗八仙"。二院大门的马头正面为犀牛贺喜，侧面四季花卉。二院正房前面走廊的扶栏雕，从东往西数，一是喜鹊登梅，二是奎龙腾空，三是葡萄百子，四是鹭鸶戏莲，五是麻雀戏菊。东偏院过门雕有四季花卉、四果，加琴棋书画，亦取吉祥之意。

五院门楼马头为麒麟送子，院内四个马头为鹿鹤桐松。南正房门楼为菊花百子，中为文武七星，回文乞巧，又叫"七夕乞巧图"。

乔家大院中的石雕工艺虽比较少见，却是十分精细。

现有的几对石狮形态各异，憨态可掬，有的石狮为踱步前行状，刀纹如新，锋芒犹在，其顾盼自豪的头部，提起全身的神气，表现狮子的雄壮、英武而不失真，给人以健康、活跃，富有生命力的感觉。还有阴纹线刻，如五院门蹲石狮底座为"金狮白象"，中为"马上封猴（侯）"、"燕山教子"、"辈辈封侯"。南房柱石底垫为"渔樵耕读"、"麻姑献寿"等。这些线刻图像清晰，线条流畅，形象逼真。

另外，整个大院所有房间的屋檐下部都有真金彩绘，内容以人物故事为主，除"燕山教子"、"麻姑献寿"、"满床笏"、"渔樵耕读"外，还有花草虫鸟，以及铁道、火车、车站、钟表等多种多样图案。所用金箔纯度很高，虽经长期风吹日晒，至今仍是光彩熠熠。立粉工艺十分细致，须一层干后再上一层，这样层层堆制，直到把一件饰物逼真的浮雕制成为止，最后涂金。

总之，乔家大院既是建筑艺术的宝库，也是民俗学的殿堂，步入其间，既会得到美的享受，又会使人增长许多知识。

王家大院

晋商王氏家族是元朝时从太原迁过来的，距今有七百多年的历史。元、明、清三个朝代，这个家族经历了由农到商、由商到官的转折，最后成为灵石县有名的四大家族之一。整个家族前后兴盛了四百五十多年，鼎盛了八代人，在鼎盛的二百多年当中先后建成了六座城堡，五条巷子和一条街，总体建筑的面积是 25 万平方米。

王家大院由东堡、西堡、宗祠、当铺、戏台、佣工院等几部分组成。东堡俗称高家崖，由王氏十七世孙王汝聪、王汝诚兄弟建于清嘉庆初年，整个大院依山建堡，三十五座大小院落鳞次栉比、层楼迭院，错落有致。主体建筑呈中轴对称型，院内套院，门内有门，厅堂楼阁各有异宜，书院、厨院、花院、围院成龙配套、石雕、木雕、砖雕题材繁多，集民俗、民艺于一体，是清代建筑装饰艺术"纤细繁密"技法的典范。

王家大院不仅完满地具备了"实用、坚固、美观"的建筑三要素，更重要的是从文化内涵到规模气势，从地势选择到内部结构设计，都体现出了一种磅王家大院是传承五千年中华文明的典范，是中国清代民居建筑的扛鼎之作。

为什么要雕刻竹子

因为这个院是王家小少爷读书的地方，以前的书都是用竹简穿起来的，所以说："门前千竿竹，家藏万卷书。"另外，竹子的生长是出土先有节，凌空本无心，希望读书的人都能虚心进取，节节高升。门底下雕有寿石盘根，就是告诉子孙们无论读书还是做人都要扎根坚实，脚踏实地，然后像竹子一样锲而不舍虚心向上，这样就会招来喜鹊报喜，会学有所成。

礴大气和匠心独运的风格。同时，整个建筑在合乎礼制和讲究实用的前提下，把造园艺术与造院技巧融为一体，既保存了北方民居的传统风格，又充分借鉴了南方园林的设计思路，注重运用明暗虚实、浓淡轻重之手法，使整个建筑群或如丝竹声声，或如群鼓激越，错错落落间，神形俱立，成为不朽于世的民居建筑艺术精品。

王家大院的艺术价值还表现在木雕、砖雕、石雕方面，这些雕刻艺术品，仰俯可见，无处不有。木雕艺术主要体现在门户、窗棂、隔扇、屏风、虎廊、栏杆、扶手、明柱、栋梁、斗拱、匾额、神龛等建筑、装饰物上，造型千姿纷呈，图案百花齐放，且无一雷同。砖雕艺术主要为屋顶中央的脊雕、两头的兽吻、檐边的筒瓦猫头、片瓦滴水、门对面的壁雕、墙壁上的神祀雕等，这些砖雕远观具有整体的和谐美感，近审可见局部的精细特色。例如东大院东主院大门外的高浮砖雕照壁，中间是狮子滚绣球，四周以古代人物、历史故事、鸟雀花卉饰边，是砖雕艺术中的精品。大院中的石雕艺术要数家塾院最为精妙，它的门框为四块青石高浮雕岁寒三友，上落喜鹊一对，下有盘根寿石。

陈氏祠堂

　　广州陈氏祠堂是全广东省 72 县陈姓的合族宗祠，占地面积 13200 平方米，共有十九座建筑和六个院落，是广东最大的祠堂。陈家祠堂布局方式为"三进三路九堂两厢抄"。"三进"指由前至后的三列厅堂；"三路"指左、中、右三路，中路各厅五间，左右二路各厅三间；"两厢抄"是指除以上九座建筑外，在最东最西还各有五座朝向中轴的房屋。三路之间和左、右厢的前面各有纵向敞廊，称青云廊。

　　大门两边有石砌包台，两侧分立一对直径 1.40 米、连座高 2.55 米的石鼓。两扇大门板上彩绘有 4 米高的门神像，色彩鲜丽，气宇轩昂，庄严肃穆。

　　中进大厅聚贤堂为建筑的中心，是当年族人举行春秋祭祀或议事聚会的地方。堂宽五间，27 米，进深五间，16.70 米。用柁墩抬梁，设斗拱，21 架 6 柱出前后廊，属通堂木框架。后金柱正中三间装有 12 扇双面镂雕屏门挡中，两侧装设花罩。堂前有月台，石雕栏杆及望柱均镶嵌铁铸通花栏板，色调对比鲜明，装饰华美，突出了聚贤堂的中心地位。

　　后进大厅三间是安设陈氏祖先牌位及族人祭祀的厅堂。

图中便是广州陈氏祠堂。

大厅面宽五间，27米，进深五间，16.40米。用瓜柱抬梁，21架5柱后墙承重，前出卷棚式廊。厅后檐柱之间装有5个高达7米多的木镂雕龛罩。

东西厅面宽三间，14.05米，进深五间，16.40米。用瓜柱抬梁，21架5柱山墙承檩，前出卷棚式廊。厅门为14扇通花隔扇。厅后亦装设木雕龛罩，但规模比大厅略小。

陈氏祠堂还以其精湛的装饰工艺著称于世，在建筑中广泛采用木雕、石雕、砖雕、陶塑、灰塑、壁画和铜铁铸等不同风格的工艺做装饰，雕刻技法既有简练粗放，又有精雕细琢，相互映托，使祠堂在庄重淡雅中透出富丽堂皇。

祠堂中的木雕数量最多，规模亦大，内容丰富。如首进大厅的四扇屏门挡中用双面雕的技法镂雕而成。中心的为"渔舟晚唱"图，三只渔船停泊在河岸边，一张正在晾晒的渔网高高挂起，坐在船头的几个渔夫手拿各种乐器在纵情弹唱；母亲爱抚着怀中的婴儿，微笑地望着身穿救生浮葫芦的孩子天真地爬到船篷上玩耍，表现出渔民在辛勤劳作之余悠然自得的水上生活情趣。还有用老竹的形态雕成的一个"福"字图案，几只仙鹤站立其中，暗寓"福寿双全"之意。另一幅雕的是一棵果实累累的芭蕉树下，母鸡带着一群雏鸡在嬉戏，用芭蕉树的大叶象征大业，用母鸡带一群小鸡寓意儿孙永发，诗情画意，比喻帖切。双面镂雕技法和构图布设巧妙，充分表现出广东木雕的特点。

东厅隔扇挡中雕有《三国演义》中的"三顾草庐"、"三英战吕布"、"赤壁之战"和"赵云救阿斗"。西厅隔扇挡中则是《水浒传》中的"血溅鸳鸯楼"、"拳打镇关西"、"三打祝家庄"和"枯井救柴进"等内容，人称"木雕艺人运用手中的木刻钢刀雕就的中国历史故事长廊"。

后进三间厅堂的十一座木雕龛罩，规制宏大，雕工精微，是广东现存最大的清代木雕杰作。龛罩上还铭刻有制作年代，营建商号和地址，是研究陈氏祠堂营建情况的可靠依据。

此外，各座厅堂、走廊的梁架、雀替以及长达540余米的檐板上雕刻的各种人物、动物、瓜果、花纹图案，无不凝聚了广东木雕的精华。

祠堂的石雕主要是采用花岗岩石材，多用在廊柱、月梁、券门、栏杆、墙裙、柱础和台阶等地方。聚贤堂前的月台石雕栏杆，是祠堂石雕装饰工艺的典型。它融合了圆雕、高浮雕、减地浮雕、镂雕和阴刻等多种技法，以各种花鸟、果品为题材，用连续缠枝的表现手法雕饰，又把双面铁铸通花栏板嵌入栏杆中，使灰白淡雅的栏杆与色调深沉的铁铸栏板对比鲜明，主题突出，极富装饰效果。

祠堂中的众多石柱和券门，虽然没有很多雕饰，但在各个光洁平面的边沿处，雕琢出笔直如刀刃般的线条或"覆竹"形弧线，把线条的装饰美恰到好处地表现出来。在石柱的上端镶嵌一块立体雕饰，题材多为历史故事，有"孔明智收姜维"、"渭水访贤"、"曾子杀猪"等。石柱下是雕有不同式样的高身束腰柱础，使光洁修长的石柱显得更为秀美。柱础的造型和雕饰，唐代至明代均以稳重为特点，到了清末，出现了轻巧、高身束腰和注重雕饰的倾向，陈氏祠堂的柱础就是这一时期的典型代表。各个厅堂的柱础每一横列一个式样，有的雕如意云头、花篮型、菱形、竹节纹饰；有的雕杨桃、柑橙、仙桃等各种瓜果装饰，既统一又富于变化，饱含地方特色。

在墙檐下、门楣、山墙头和檐墙上主要装饰砖雕。砖雕使用的青砖是专门精炼烧制的，其规格与砌墙用砖大小一致。雕制前先由艺人逐块挑选，然后依据整幅图层次的多少，将青砖按层排列，依次逐块雕出所属部分的纹样，最后逐层逐块嵌砌在墙上，形成多层次的画面。其雕刻技法往往把圆雕、高浮雕、减地与镂空结合运用，其中尤为突出的是深刻技法，使戏曲人物的盔甲或衣裳的锦地花纹，在不同时间的光线折射下，产生不同的效果，层次分外鲜明，人物分外生动。

陈氏祠堂正门东西厅的水磨青砖檐墙上，共有六幅大型砖雕。其中两幅宽4.8米，高2米，其规模和技巧，都是广东地区少有的巨制。东檐墙上正中一幅取材于历史故事"刘庆伏狼驹"，刻画出北宋时刘庆降伏西夏送来一匹名叫"狼驹"的烈马的生动场面，四十多个人物形象生动，神态各异。左右两幅为"百鸟图"、"五伦全图"，五伦即五常，后来人们以凤凰、仙鹤、鸳鸯、鹁鸪和黄莺五种禽鸟代表五伦。每幅画两旁还雕有不同书体的诗文。西檐墙上正中一幅是取材古典小说《水浒传》中晁盖、吴用、林冲等众多英雄好汉汇集在聚义厅的宏大场面。左右两幅分别为"梧桐杏柳凤凰群图"和"松雀图"。画幅两旁有北宋政治家、文学家范仲淹的《岳阳楼记》名句，还有清乾隆年间文学家、书法家王文治，乾嘉年间书法家、金石学家翁方纲的七言绝句诗。这些诗文的雕刻，刀法刚劲有力，流畅自如，充分表达出书法的韵味。

陈氏祠堂共有十一条陶塑脊饰，分别装设在三进三路九座厅堂屋脊上。每条脊饰题材各异，有的以一组戏曲人物为主题，配以其他内容；有的用十多组内容组合，将传统戏曲中有代表性的场景，以夸张概括的表现手法，用连景形式接成连环画般的连续故事。在众多的脊饰中，以中进聚贤堂上的脊饰规模最大，制作也最为精美。这条脊饰总长27米、高2.9米，连同灰塑基座总高4.26米，共塑造224个人物。内容有"群仙祝寿"、"加官晋爵"、"八仙贺寿"、"和合二仙"、"麻姑献酒"、"麒麟送子"、"虬髯客与李靖"、"雅集图"等；还有用玉堂寿带鸟和牡丹组成图案，表示荣华富贵；还有的用各种缠枝瓜果图形表示"瓜瓞连绵"，寓意子孙昌盛，连绵不断。此外，石湾脊饰的兽吻，突破了传统的做法，飞翔在云天的鳌鱼两根长须伸向晴空，显得气势非凡，使屋顶轮廓线更为优美。这种表现形式，与民间流传兽吻为防火避灾的用意一致，同时迎合了人们祈望子孙后代独占鳌头、高官显贵的心理。

陈氏祠堂的灰塑，规模大，塑艺精，题材丰富，主要装饰在屋脊基座、山墙垂脊、廊门屋顶、厢房和庭院连廊及东西斋的屋脊上。如在首进庭院东西两条连廊上有以一组组历史故事为题材的灰塑，如"竹林七贤"和"公孙玩乐图"等，还有以清代"镇海层楼"、"琶洲砥柱"等羊城八景为题材的灰塑和以各种花鸟、瑞兽、图案装饰的灰塑，琳琅满目、美不胜收，像两条花带把庭院装扮得情趣盎然。此外，首进山墙的垂脊上还有六对蹲伏着的独角狮灰塑，全身朱红色，大眼圆睁，张口翘尾，状若凌空而下，气势雄伟。

据传，明代初年，佛山出现一头怪兽，头大如斗，顶上长角，眼睛发光，张口如盆，连连窜入农家吞吃禽畜，毁坏农田，给村民带来严重灾害。为了制服这头怪兽，乡绅到处张榜求贤，后来有人提出"以怪治怪"的办法，请当地艺人用竹篾编扎成一只头长独角，大耳宽鼻，两眼凸出，张着血盆大口，身绘多彩斑纹，形象十分凶猛的独角狮。怪兽出现时，村民便敲锣打鼓，燃放鞭炮，舞动独角狮朝怪兽冲去，果然把怪兽吓跑，百姓又恢复了太平的生活。由此，独角狮便在民间广为流传，每逢喜庆佳节人们便舞狮庆贺，祈望辟邪消灾，国泰民安。将独角狮装饰在垂脊上，同样带有辟邪保平安的寓意。

陈氏祠堂的铁铸装饰，主要用在庭院连廊的廊柱及镶嵌在月台石雕栏杆上。栏杆上的通花铁铸栏板共有四种不同的内容，采用对称的装饰手法，正面六幅是"麒麟玉书凤凰图",台阶两边是"龙戏珠"。月台东西两侧,一组是以"三羊启泰"为主题,两旁饰有飞腾的鳌鱼,花篮盛着禾穗和鲤鱼,用穗、鱼的谐音寄寓"岁岁有余"之意。另一组是以一群金鱼在莲池中嬉戏,用莲与鱼的谐音比喻"年年有余"或寓为"金玉满堂"。左面是一鹰一熊,右面是凤凰和鹿,用以比喻为"英雄"和"富贵福禄"。这些铁铸栏板,色调凝重,构图精美,嵌在石雕栏杆上别具独特的装饰效果,在广东古代建筑中极为少见。

北京四合院

北京四合院是水平最高的北方院落民居,也是汉族传统民居的优秀代表。

在等级森严的封建社会,住宅及其大门直接代表着主人的品第等级和社会地位,所谓"门第相当"、"门当户对"就是这个意思。因此,人们对大门的型制和等级非常重视。

北京四合院住宅的大门,可分为两类:一类是由一间或若干间房屋构成的屋宇式大门,为有官阶地位或经济实力的社会中上层阶级采用;另一类是在院墙合龙处建造的墙垣式门,多为社会下层普通百姓采用。

王府大门是屋宇式大门中的最高等级,这种大门坐落在主宅院的中轴线上,宏伟气派,通常有五间三启门和三间一启门两等。王府大门的间数、门饰、装修、色彩都是按规制而设的。如清顺治九年规定亲王府正门广五间,启

四合院是河北、山东、东北等北方地区民居共有的平面布局,其中以北京四合院最为讲究。北京四合院的标准模式是一组三进院落。

门三，绿色琉璃瓦，每门金钉六十有三，贝勒府为正门五间，启门一。位于后海南岸的清恭王府，原是乾隆帝的宠臣和珅的府邸，后来封赐给恭亲王，这座王府的大门是三开间，上覆绿色琉璃瓦。

广亮大门仅次于王府大门，它是屋宇式大门的一种主要形式，这种大门一般位于宅院的东南角，占据一间房的位置。广亮大门虽不及王府大门显赫气派，但也有较高的台基，门口比较宽大敞亮，门扉开在门厅的中柱之间，大门檐枋之下安装雀替、三幅云一类既有装饰功用，又代表主人品级地位的饰件。

金柱大门是一种门扉安装在金柱（俗称老檐柱）间的大门，称为"金柱大门"，这种大门同广亮大门一样，也占据一个开间，门口也较宽大，虽不及广亮大门深邃庄严，仍不失官宦门第的气派，是广亮大门的一种演变形式。

中小型四合院采用的大门当中，如意门占着相当大的数量。如意门的门口设在外檐柱间，门口两侧与山墙腿子之间砌砖墙，门口比较窄小，门楣上方常装饰雕镂精致的砖花图案，在如意门的门楣与两侧砖墙交角处，常做出如意形状的花饰，以寓意吉祥如意，故取名"如意门"。

在民宅中，采用墙垣式门者也不在少数。墙垣式门最普遍、最常见的形式是小门楼形式，尽管样式很多，但基本造型大同小异，主要由腿子、门楣、屋面、脊饰等部分组成，一般都比较简单朴素，也有为数不多的豪华小门楼，门楣以上遍施砖雕，虽不气派但却十分华丽，显示房主人的富有和虚荣。

影壁是北京四合院大门内外的重要装饰壁面，主要用于遮挡大门内外杂乱呆板的墙面和景物，美化大门的出入口。影壁绝大部分为砖料砌成。影壁分为上、中、下三部分，下为基座，中间为影壁心部分，影壁上部为墙帽部分，仿佛一间房的屋顶和檐头。

四合院常见的影壁有三种：第一种位于大门内侧，呈一字形，叫做一字影壁。第二种坐落在胡同对面，正对宅门，一般有两种形状，平面呈"一"字形的，叫一字影壁，平面成"冂"形的，称雁翅影壁。这两种影壁或单独立于对面宅院墙壁之外，或倚砌于对面宅院墙壁，主要用于遮挡对面房屋和不甚整齐的房角檐头，使经大门外出的人有整齐美观愉悦的感受。还有一种影壁，位于大门的东西两侧，与大门檐口成120°或135°夹角，平面呈八字形，称作"反八字影壁"或"撇山影壁"。做这种反八字影壁时，大门要向里退进2至4米，

垂花门彩绘华丽，造型轻盈。

在门前形成一个小空间，以作为缓冲。在反八字影壁的陪衬下，宅门显得更加深邃、开阔、富丽。

垂花门最常见的有两种形式：一种是一殿一卷式垂花门，即垂花门的屋面由一个尖顶屋面和一个卷棚屋面组合而成。这种形式既庄严又活泼，屋顶跌宕起伏有致，富于韵律感。另一种是单卷棚垂花门，即屋面仅采用一个单一的卷棚形式，虽然活泼不足，但仍不失高雅，在四合院中应用也较广泛。

垂花门装饰性极强，它的各个突出部位几乎都有十分讲究的装饰。向外一侧的梁头常雕成云头形状，称为"麻叶梁头"。在麻叶梁头之下，有一对倒悬的短柱，柱头向下，头部雕饰出莲瓣、串珠、花萼云或石榴头等形状，酷似一对含苞待放的花蕾，这对短柱称为"垂莲柱"，垂花门名称的由来大概就与这对特殊的垂柱有关。联络两垂柱的部件也有很美的雕饰，题材有"子孙万代"、"岁寒三友"、"玉棠富有"、"福禄寿喜"等，这些雕刻寄予着房宅主人对美好生活的憧憬，也将内宅门面装点得格外富丽华贵。

内宅是由北房、东西厢房和开花门四面建筑围合起来的院落。

四合院中的游廊将正房、厢房的前廊和垂花门联系起来，增加了院落的空间感。

北房为正房，坐北朝南，是宅院中最主要的房间，台基和房屋的尺度都比较高大，一般是三间，大型住宅为五间。

正房的两侧还各有一间或两间进深、高度都偏小的房间，如同挂在正房两侧的两只耳朵，故称耳房。如果每侧一间耳房，两侧共两间即称"三正两耳"，如果每侧两间，两侧共四间耳房则称"三正四耳"。

内宅的东、西两侧，各有三间房，分别向院内方向开门，称为厢房。如果四合院的规模较大，在厢房的南侧，还可以再加厢耳房。

正房、厢房与垂花门之间，一般都有曲尺形的抄手游廊，将内宅串联成一个整体。游廊不仅有通行功能，还丰富了内宅建筑的层次和空间。

居室的分配在长幼有序、尊卑有别的封建社会是非常严格的。

北房三间仅中间一间向外开门，称为堂屋，两侧两间仅向堂屋开门，形成套间，成为一明两暗的格局。堂屋是家人起居、招待亲戚或年节时设供祭祖的地方，两侧多做卧室。卧室也有尊卑之分，在一夫多妻的制度下，东侧为尊，由正室居住，西侧为卑，由偏房居住。

东西厢房则由晚辈居住，厢房也是一明两暗，正中一间为起居室，两侧为卧室。中型以上的四合院还常建有后罩房或后罩楼，主要供未出阁的女子或女佣居住。

院内的露天空地一般种植海棠树，列石榴盆景，以大缸养金鱼，寓意吉利。

实际上，北京四合院院落的对外封闭，对内开敞的格局，可以说是两种矛盾心理的融合：一方面，自给自足的封建家庭需要保持与外部世界的某种隔绝，以常保生活的宁静与私密；另一方面，根源于农业的生产方式又使得中国人特别乐于亲近自然，愿意在家中时时看到天、地、花草和树木。

满堂客家大围

建于 1833 年的满堂客家大围位于广东省始兴县，占地 11700 平方米，有平房、楼房和炮楼等共 777 间，各种生活设施齐备，是当时富甲一方的豪绅乾荣的宅院。满堂客家大围是客家围楼建筑的典范，具有冬暖夏凉，坚固耐用和易守难攻的特点。

满堂客家大围分中心围、上新围和下新围三部分。四周是四层楼

所谓"客家"，指明清时期因避乱而南迁至福建、广东一带的汉族移民。他们一般住土楼，土楼分为圆形、方形、方圆结合三种，其中以圆形土楼最具特色。

高的炮角楼，从外到内共有五道门，围墙用糯米石灰浆砌上光滑的条石垒成，墙厚2.68米，中间用卵石河沙充填，如果贼盗挖开墙洞，卵石河沙便流向洞口堵住，令贼盗不能轻易进入。在170多年的历史中，大围屡遭兵燹，但除外墙有些弹坑遗迹外，整体保存完好，堪称中国古代建筑史上的一枝奇葩。

花萼楼

世界著名四大民居建筑之一的花萼楼是最粗犷、最典型、最富魅力的民居建筑造型。

花萼楼位于大埔县大东镇联丰大丘田村，构建于明朝万历年间（公元1608年），距今已近400年的历史。该楼占地面积2886平方米，坐西北向东南，背靠虎形山，面向梅潭河，周围群山环抱，碧水环绕。

该楼与天地浑然一体，圆的外形与天穹呼应，本色的黄土墙与大地密接。墙体厚度为1.2米，用土夯实。楼顶木梁灰瓦，楼高三层，层内加开两个半层，顶层外墙开窗，内设有一环形回廊，宽度为1.2

花萼楼设计精巧、结构独特，显示了客家人圆满、团结、平均、平等的生活理念，是目前广东土围楼中规模最大、设计最精美、保存最完整的民居古建筑，是世界民居建筑的一大奇观。

米。全楼共有房间210间，可供28户人口生活住宿。各户可单独上顶楼，通过回廊，户户通连，公共梯口设在大门右内侧。楼内天井占地283.6平方米，全用鹅卵石铺成，中心有一个圆的古币图，直径达3.8米。天井南边有一水井，深达18.6米。楼内房屋正中为大厅，是合族议事的地方。大厅对面是该楼的唯一大门，门框用宽而厚的花岗岩石板组成，门板钉有厚厚的铁皮。二楼不开窗，多处设有枪、炮眼，供灭火、防盗之用。

花萼楼构建匠心独运，按易经八卦形态设计，文化内涵丰富，包含着客家独特的建筑风格，折射出客家人忠孝、贤惠、勤劳、勇敢的美德。

八角亭

八角亭位于云南西双版纳的景真寺内。

亭的基座是砖砌须弥座，亭身也是砖砌，在四个止面开门。亭顶极其特殊，由向八个方向呈放射状层层伸出的许多两坡悬山屋顶组成，从下而上由大至小叠落十层，形成由八十座小屋顶组成的状若锦鳞的顶群，非常复杂，与基座、亭身的简洁形成强烈对比。亭顶总轮廓呈凹曲线，动感很强，最后聚敛于刹盘，再通过高高的刹杆向上延伸，得到充分渲染和强化。

全亭色彩十分艳丽，基座和亭身刷土红色，饰以金色和银色图案，镶砌彩色玻璃。亭面为小平瓦，装饰着小金塔和密排的琉璃火焰。

全亭娇小玲珑，珠光宝气，在阳光照射下，宛如一朵初开的千瓣莲花，表现了傣族建筑匠师高度的造型才能。

塔尔寺

塔尔寺，藏语称"衮本贤巴林"意思为"十万狮子吼佛像的弥勒寺"，坐落在青海湟中县鲁沙尔镇，是我国藏传佛教善规派（俗称黄教，又音译为格鲁派）的六大丛林之一，也是这一教派创始人宗喀巴大师的诞生地。

全寺由雄踞中心的主建筑——大金瓦殿，与明柱素洁、气象庄严的大经堂，以及错落排列的弥勒殿、金刚殿、释迦殿、文殊殿、四大经院（显宗经院、密宗经院、医明经院、时轮经院）、长寿殿、护法神殿、印经院、上下酥油花院、跳神舞院、大拉让、活佛院、八大如来宝塔、时轮塔、过门塔、僧舍等形成一组形式独特、布局严谨的宏大建筑群。

大金瓦殿面积 456 平方米，高 19 米，始建于明洪武十二年（公元 1379 年），三层歇山式屋顶，是一座融有汉藏特点的宫殿式建筑。它以碧琉璃砖砌墙，鎏塔尔寺是我国喇嘛教格鲁派(黄教)六大寺院之一。始建于嘉靖三十九年(1560年)。整个寺院是由大金瓦殿、小金瓦殿、大经堂、九间殿等大小建筑组成的藏汉艺术相结合的建筑群，占地40多公顷。

金铜瓦覆顶，上置大金顶宝瓶和喷焰宝饰，内有诸佛神像和11米高的神变大灵塔，陈设有金灯、古瓶、大象牙等多种法器。

大经堂为寺僧礼佛、诵经的集合场所，面积2750平方米，始建于明万历三十九年（公元1611年），民国元年（公元1912年）失火重建。有166根明柱，柱上围裹蟠龙图案的彩色藏毯，彩绘栋梁，斗拱、藻井和佛教故事壁画。屋顶装饰有鎏金法幢、金顶、宝瓶、法轮、金鹿等。

塔尔寺建筑面积600余亩，总建筑9300余间，有殿堂25座，其建筑布局高低错落，立体感极强，融藏、汉以至印度、尼泊尔的建筑艺术为一炉。

山西运城关帝庙

山西运城解州镇是蜀汉大将关羽的家乡，这里有一座建于清代的中国最大的关帝庙。

全庙很有宫殿色彩，庙门内有前朝、后寝二区。端门是入口前奏，雉门为正式大门，门前东西分立钟楼、鼓楼，

与雉门以城墙围成横长广场。雉门内午门是一座殿堂，再
穿过"山海钟灵"牌坊就是前朝。前朝最前为形体高伟的
御书楼，楼后为正殿崇宁殿，围绕一圈蟠龙石柱。后寝的
寝殿在崇宁殿后，已毁，最后"气肃千秋"坊内是春秋
楼，楼前左右相对有刀楼、印楼，都是两层三檐歇山顶。
春秋楼、刀楼和印楼三面围合，气势雄壮。

关帝庙楼阁很多，多为重檐，广泛采用琉璃瓦，造就
了气势磅礴，阳刚之美，很符合"武庙"应有的性格。

岳阳楼

岳阳楼在湖南岳阳洞庭湖西岸，相传三国时此地就有阅兵楼，唐代以来关于此楼的诗文颇多，如李白的"楼观岳阳尽，川回洞庭开"、杜甫的"昔闻洞庭水，今上岳阳楼"等。宋代重修岳阳楼，范仲淹曾撰《岳阳楼记》，使岳阳楼传扬天下。现存岳阳楼重建于清光绪五年（公元 1879 年）。楼平面呈矩形，正面三间，周围廊，三层三檐，通高近 20 米。屋顶为四坡盔顶，屋面上凸下

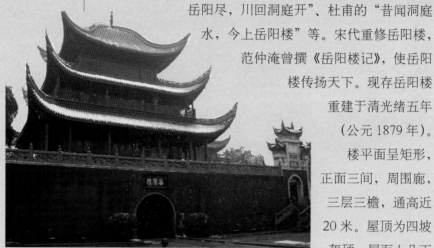

雄踞洞庭湖的岳阳楼，建筑精巧雄伟，为我国江南三大名楼之一，尤以楼内范仲淹的《岳阳楼记》宋代匾额著称于世。

凹，为中国现存最大盔顶建筑。顶覆黄琉璃瓦，翼角高翘。楼前两侧有三醉亭和仙梅亭作为陪衬，与楼呈品字并列。

黄鹤楼

黄鹤楼在湖北武昌长江南岸，相传始建于三国，唐时因崔颢"昔人已乘黄鹤去，此地空余黄鹤楼"的诗句名声始盛。宋代的黄鹤楼建在城台上，中央主楼两层，平面方形，下层左右伸出，前后出廊屋与配楼相通。全体屋顶错落，翼角嶙峋，气势雄壮。宋以后，黄鹤楼曾屡毁屡建，现存为上世纪 80 年代重建。楼高踞在城垣之上，平面为折角十字，外观高三层，内部实为六层。下、中二檐有十二个高高翘起的屋角，总高 32 米。

黄鹤楼始建于三国时期吴黄武二年（公元223年）。巍峨耸立于武昌蛇山的黄鹤楼，享有"天下绝景"的盛誉，与湖南岳阳楼，江西滕王阁并称为"江南三大名楼"。

迎江塔

迎江塔古称永昌禅寺，位于安徽安庆，是我国长江沿岸著名古寺之一，始建于北宋开宝年（公元974年）。

寺内有一塔，名振风塔，明隆庆四年（公元1570年）建，塔为楼阁式砖石结构，塔高七层，盘旋而上，每层八角，各悬铜铃，风起时叮当作响。塔内有浮雕佛像六百多座，碑刻五十一块，外有石栏环卫。

迎江塔无论在造型和工艺技巧上均具有明显的明代特

色，极为优美壮观。

飞虹塔

飞虹塔位于山西洪洞县城东北霍山山顶广胜寺内，始建于汉代，现存塔为明嘉靖六年（公元1527年）所重建，为我国现存保存完好的阁楼式砖砌琉璃塔。

飞虹塔平面为八角形，共十三层，高约47公尺。塔身以青砖砌成，外嵌彩色琉璃，斑斓夺目，如雨后彩虹，故名飞虹塔。塔的外形由下而上逐层收缩，状如锥体。塔底层铸有释迦铜像，周围设有木构回廊，南面入口处，突出一间二层龟须座。塔内藻井、外檐佛、菩萨、天王、力士、龙凤、花卉等，均以黄、绿、蓝、紫、白等五色琉璃构件镶嵌，充分表现明代琉璃制作的技艺。顶部为琉璃藻井，雕饰着勾栏、楼阁、盘龙、人物等，门道右侧墙上嵌有碑文详载重建年代。镶嵌在第二层的琉璃金刚以黄、绿、白三色琉璃烧成，造型生动，是琉璃工艺与雕塑艺术的佳作。

飞虹塔轮廓清晰，形象生动，制工精致，气势雄伟。塔身五彩纷呈，神奇异妙如雨后彩虹，"飞虹塔"因而得名，被誉为"中国第二塔"。

七、近现代建筑

近现代（一般指公元1840年以后）中国发生了前所未有的变革，爆发了史无前例的"新文化运动"，出现了"古为今用"、"洋为中用"的学术思想。同时有一批学人从西方留学归来，带来了西方的技术和思想。新与旧、中与西这两对矛盾的复杂交织构成了中国近现代建筑的特殊面貌。

一方面，一大批前所未有的建筑类型出现了，诸如工厂、车站、银行、医院、学校、教堂、领事馆和新式住宅大量涌现，以及以钢铁、水泥为代表的新的建筑材料及与之相应的新的结构方式、施工技术、建筑设备等的应用，都极大地冲击着传统的以木结构和手工业施工为主的建筑方式；另一方面，传统的建筑类型如宫殿、坛庙、帝王陵墓、古典园林和庙宇等都停止了建造。总之，总体上已发展到终点的中国古典建筑体系在近代以来已逐渐淡出，新建筑成了中国建筑的主导方向。

19世纪中叶以后，随着中国对外贸易的不断扩大，一些城市如广州、天津、上海、武汉等，渐渐开始营造西式建筑。一些半殖民地城市的建筑，还表现了各个不同国家的风格，如青岛建造了德国风格的建筑；哈尔滨、旅顺出现了俄国风格的建筑；上海外滩则出现了由英国人规划的滨河街道。即使在

清华学堂建于1916年，由费思彻尔设计。其上部为带有法国风格的坡屋顶，入口部分的两根白色的西方柱式在凹廊的阴影下显得格外耀眼。

传统文化氛围浓厚的北京，也开始出现西式建筑，如东交民巷一带的使馆区、王府井大街南口的法国式宾馆等等。

20世纪初，随着西方近代和现代建筑的发展，面貌与西方同时期建筑一样的"洋房"在各大城市的租界大量出现。其发展大致可分为三个时期：一为20世纪20年代以前，先是流行古典主义，更多的模仿西方文艺复兴建筑形式，然后是集仿主义，拼凑西方各种古代建筑形式于一身，代表作如上海外滩汇丰银行、北京留美预备学校清华学堂大礼堂

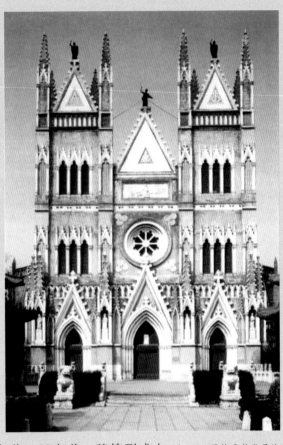

哥特式教堂是流行于11世纪下半叶至15世纪欧洲的建筑风格。这座西什库教堂位于北京西城区，其尖拱、玫瑰花窗等和室内纵高的空间气氛，都是哥特建筑的典型建筑手法。

等。第二时期是20世纪20年代—30年代，建筑形式大多向现代"摩登建筑"的方向转化，代表作如上海外滩江海关、沙逊大厦和24层的国际大厦，江海关和沙逊大厦仍带有折中主义的印记，国际饭店则属于地道的现代建筑，与同时期美国的现代建筑芝加哥学派相差无几。第三个时期是20世纪30年代末以后即抗日战争到新中国建立以前，除东北伪满时期由日本人促成的仍属西方折中主义的所谓"兴亚式"建筑外，建筑活动不多。

与此同时，中国的一些建筑师也开始尝试运用传统建筑的语汇，以西方建筑的结构与构图原则，创造一种新的建筑形式，其形式处理大致有三种方式：一是基本照抄古

青岛火车站建于1904年，由德国设计师设计，为砖木钢混合结构。

代形式，把它用钢筋混凝土浇铸出来，如中央博物馆"大殿"从全体到细部，形式完全模仿北方辽代建筑；灵谷寺塔和未名湖塔用钢筋混凝土建造，形式模仿宋塔和辽塔；中山陵园藏经楼是北京清代汉式藏传佛教寺庙形式的再现；利用庚子赔款建造的北京图书馆、北京协和医院，以及燕京大学校园建筑、辅仁大学校舍建筑等，都是在西式建筑的结构与空间上，覆以中国传统屋顶的建筑形式。同是这一时期建造的北京清华大学，就完全采用了西式建筑的形式与风格。20世纪20年代最为重要的建筑实例，是由吕彦直设计建于1926年的南京中山陵，也采用了中西合璧的设计原则，达到了相当完美的建筑艺术效果。

　　第二种方式是在功能要求比较复杂的大型楼房中，平面设计与西方现代建筑差不多，只是披上了一个中国传统建筑的经过"创造"了的外壳。代表作如原上海市政府大楼、

清华大学图书馆是平面为"一"字形的西式建筑，美国设计师墨菲于1919年设计建造。

南京中央研究院、北京辅仁大学、武汉大学、燕京大学、南京金陵大学等。

第三种方式是简化建筑形式，与西方现代建筑相当接近，只是局部运用了一些中国古代建筑的装饰图案。如南京原外交部大楼、北京交通银行、南京原国民大会堂、上海中国银行等。

位于上海市中山路的中国通商银行，其外观设计受维多利亚哥特式和罗马式建筑影响，整个风格属于折中主义建筑。

在20世纪20年代末还正式诞生了中国建筑史学科。其创立者梁思成、刘敦桢等做了大量工作，把几千年来一直为士大夫所盲目不齿的建筑事业纳入学术领域，为中国建筑历史和建筑理论研究初步奠定了基础。

中华人民共和国成立后，大规模、有计划的国民经济建设，推动了建筑业的蓬勃发展，现代建筑在数量、规模、类型、地区分布及现代化水平上都突破近代的局限，展现出崭新的姿态。这一时期的中国建筑经历了以局部应用大

墨菲，美国建筑师。建于1927年的燕京大学办公楼就是他以新材料、新结构表现中国传统建筑形式的一次尝试。

屋顶为主要特征的复古风格时期、以国庆工程十大建筑为代表的社会主义建筑新风格时期、集现代设计方法和民族意蕴为一体的广州风格时期。复古主义可以说是此前"民族形式"建筑运动的延续，其主张大致是希望将狭义的"民族形式"即传统建筑样式赋予新建筑，而甚少顾及新建筑的形式与内容的统一。这个时期比较有影响的作品如北京西颐宾馆、重庆人民大会堂、长春地质宫、北京三里

上海市政府大楼建于1933年，外观采用三段式构图，是"宫殿式"建筑的代表。

河"四部一会"办公楼等。它们大都有一个庞大的有如宫殿的大屋顶，覆盖着彩色琉璃瓦，檐下布满用钢筋混凝土浇筑的斗拱，所有钢筋混凝土梁和柱都模仿木结构构件，其上满绘彩画，门窗也是古代木门窗的式样。

自20世纪80年代以来，由于改革开放的不可逆转，中国建筑逐步趋向开放、兼容，中国现代建筑开始向多元化发展。

中山陵

中山陵是中国近代革命家孙中山的陵墓，在南京紫金山南坡，建筑面积6684平方米，1926—1929年建。

中山陵的设计者为中国近代著名建筑师吕彦直（1894—1929）。他设计中山陵时只有31岁，他还荣获过广州中山纪念堂设计竞赛的首奖。1929年，当中山纪念堂还正在施工的时候，他就过早地去世了，只有35岁。

中山陵坐北朝南，傍山而筑，由南往北沿中轴线逐渐升高，依次为广场、石坊、墓道、陵门、碑亭、祭堂、墓室。整个墓区平面形如大钟，钟的顶为山下半月形广场，广场南端的鼎台（现改为中山先生的立像）为大钟的钟钮，钟锤就是半球形的墓室。"鼎"在古代是权力的象征，因此整个大钟乃含"唤起民众，以建民国"之意。

墓道南端的三门石牌坊上刻中山先生手书"博爱"二字，点出了孙中山先生博大的胸怀和崇高的理想。石坊前广场

中山陵气势恢弘、形式简洁庄重。

中山陵的大台阶是中山陵中最具气魄的建筑。

南端孙中山的立像英姿勃勃，摆动的手势好像正在发表关系国家命运的演说。石坊后是长达375米、宽40米的墓道。前行为陵门，它以青色的琉璃瓦为顶，门额上为孙中山的手迹"天下为公"四个大字。这里用青色的琉璃瓦有一定的含义，青色象征苍天，青色琉璃瓦乃含天下为公之意，以此来显示孙中山先生为国为民的博大胸怀。再进为亭，一块高约6米的碑石上刻着"中华民国十八年六月一日中国国民党葬总理孙先生于此"的鎏金大字。

过碑亭即为陡峻的石阶，石阶共分八段392级，是为了让人们体会出"革命尚未成功，同志仍需努力"的深意。

最高的平台有华表两座，后为祭堂。华表乃为柱状标识物，标志祭堂即在此。祭堂有三个拱门，分书"民族"、"民权"、"民生"门额。"民生"门上有孙中山手书"天地正气"直额，表达了孙中山先生奋斗的理想。祭堂的正中，为孙中山先生的汉白玉坐像，此像为国外雕塑名家保罗兰德斯1930年在巴黎雕刻的。坐像的基座四周雕刻着孙中山先生的革命业绩，祭堂四壁的黑色大理石墙上刻有孙中山亲笔书写的和胡汉民等人书写的文字，昭示了孙中山先生为推翻两千多年来封建帝制的不朽勋业和艰苦斗争的历程，以及他为中华独立、富强、大展宏图的建国思想。祭堂吸取中国古典建筑的手法，应用新材料、新技术，墙身全部用石料砌成，运用蓝白两色为主的纯朴色调装饰细部。建筑本身基本上采取严谨的比例，在体型组合、色彩运用、材料表现和细部处理上表达了肃穆宁静的气度和逝者永垂不朽的精神。

祭堂之后有一个铜门，横额上书"浩气长存"四个大字，亦是孙中山先生的手笔。门内即为钟形墓室，其中央有一直径4米、深5米的圆形大理石圆穴。孙中山的汉白玉灵柩及卧像即安放在圆穴中。此像系捷克雕刻家高棋按遗体形象塑造，十分逼真。

中山陵的建筑风格中西合璧，钟山的雄伟形势与各个牌坊、陵门、碑亭、祭堂和墓室，通过大片绿地和宽广的通天台阶，连成一个大的整体，显得十分庄严雄伟，既有深刻的含意，又有宏伟的气势，设计非常成功，被誉为"中国近代建筑史上的第一陵"。

藏经楼

藏经楼是孙中山先生中山陵后修建的纪念性建筑物，位于中山陵墓之东，灵谷寺之西的山谷之间，是一座仿清代喇嘛庙的古典建筑。

藏经楼是抗战前由中国佛教会发起募建的，设计者是著名的建筑师卢树森（即卢奉璋）。1935年3月动工，次年10月竣工。

藏经楼包括主楼、僧房和碑廊三大部分。主楼是一座重檐歇山式宫殿建筑，高达20.8米，长31.8米，宽21.2米，钢筋混凝土结构，屋顶覆绿色琉璃瓦，屋脊及屋檐覆黄色琉

藏经楼是专为收藏孙中山先生的物品而建的，是一座纪念性建筑物。

知识链接

孙中山与梅屋庄吉的深厚情谊

1895年1月孙中山从美国檀香山到香港，组织兴中会总部，这时与香港"梅屋照相馆"的老板梅屋庄吉相识，曾多次接受梅屋捐助的活动经费。不久袁世凯窃国称帝后，孙中山先生被迫去日本，就住在梅屋庄吉家中。1915年10月25日，孙中山与宋庆龄的结婚典礼也是在梅屋家中举行的。

孙中山先生逝世的噩耗传到日本后，这位日本朋友深深念念不忘孙中山的高风亮节和他的深厚情谊，曾亲赴北京参加孙中山先生的追悼大会。回国后，他请日本第一流的铜像制作商筱原含做工场计划，特聘雕塑家牧田祥哉制作孙中山先生铸造铜像。1928年铜像铸成，像高2.9米，重达吨余，以孙中山先生演讲姿势为造型，形态栩栩如生。1929年3月梅屋亲自护送铜像来南京。

璃瓦，正脊中央竖有紫铜鎏金法轮华盖，梁、柱、额、枋均饰以彩绘，整座建筑内外雕梁画栋，金碧辉煌，气势雄伟，极为壮观。主楼外观分为三层，实际中间还有一层夹楼。原第一层为讲堂，中为大厅，四周为回廊；第二层为静室；第三层为阅经室；第四层为藏经库，总面积1600平方米。一楼中部大厅上高悬一座火炬形大吊灯，厅顶部饰有鎏金的八角形莲花藻井，显得豪华宏丽。

主楼后面是僧房五间，僧房后建有东西厢房四间，东西碑廊各长125米，左右对称，环绕主楼与僧房。东西碑廊各25间，廊壁镶嵌爱国将领冯玉祥捐献的河南嵩山青石碑138块，碑高1.90米，宽0.9米，碑文为孙中山先生《三民主义》全文，计15.5万余字，都出于国民党元老名家手笔，由苏州吴县石刻艺人唐仲芳带领弟子用了一年半时间完成。由于书写者不同，因此刻出的碑文风格各异。1937年，日本侵略者侵占南京后，将主楼、僧房及碑廊付之一炬，主楼系用钢筋水泥构造，幸免于难，而碑廊因用砖瓦木结构，当时化为灰烬，仅剩碑廊基础及碑刻。后来，战火中幸存的9间碑廊被拆，138块碑刻无一幸免。

藏经楼前广场，矗立着一尊孙中山先生铜像，这尊铜像是先生生前的日本好友梅屋庄吉先生赠送的。

伪满洲国皇宫

伪满洲国皇宫坐落在长春东北隅的光复北路五号，是清朝末代皇帝爱新觉罗·溥仪在日本帝国主义扶植下，从1932年到1945年充当伪满洲国傀儡皇帝时的宫殿，也是溥仪日常生活及政治活动的场所，由一组中国古典式、欧式、日本式建筑及其附属设施组合而成，占地面积12公顷。今天人们习惯叫它"伪皇宫"。

伪皇宫正门叫"莱薰门"，西侧大门叫"保康门"。由东西不对称的两个院落组成，将整个宫廷分为内外两部分。西院为三进式四合院，与传统四合院不同的是，所有正房都是二层青砖小楼。前院是溥仪及其家属日常生活的区域，主要建筑有缉熙楼、同德殿。中院、后院是溥仪处理政务的场所，主要建筑有勤民楼、怀远楼、嘉乐殿。勤民楼是一栋带有明显西洋风格的两层、方形建筑，是溥仪依据祖训"敬大法祖，勤政爱民"而取的名。沦陷时期，这栋建筑一直被当做皇权的象征，它的照片也被印在了伪满的纸币上。1932年9月15日，就是在这栋楼里签订了"日满议定书"，将伪满洲国的国防、治安全部委托给日本人，并由日本人管理伪满

图中便是中国最后一个皇帝的宫殿——伪满洲国皇宫。

的铁路、港湾、水路、空路，日本军队所需的各种物资、设备由伪满政府负责供应，使东北主权被拱手相让。此外还有花园、假山、养鱼池、游泳池、防空洞、网球场、高尔夫球场、跑马场以及书画库等其他附属场所。东院的主要建筑是伪满时期增建的，包括同德殿和御花园。溥仪在这里度过了14年的傀儡生活。

人民大会堂

　　人民大会堂位于北京天安门广场西侧，是中国国家领导人和人民群众举行政治、外交活动的场所，同时也是中国重要的标志性建筑之一。

人民大会堂全景图

人民大会堂外观比较有特色的部分是廊柱。柱头造型独特，柱廊开间有明显递减。

人民大会堂建于 1958 年 10 月，1959 年 8 月竣工，完全由中国人自行设计兴建，建筑面积达 17 万多平方米，仅用 10 个月竣工，为我国建筑史上的一大创举。

人民大会堂门额高悬中华人民共和国国徽，金光闪烁，十分引人注目。迎面有 12 根 25 米高的浅灰色大理石门柱。大会堂主要由中部的万人大礼堂，北部的宴会大厅和南部的人大常委会办公楼三大部分组成。此外，还有各种会议厅、休息厅、办公室等 300 多个。其中有 33 个会议厅是以全国各省、自治区、直辖市和香港、澳门特别行政区命名的。各厅布置均是根据当地的风光特色、民族习俗及特种工艺品等进行的，多姿多彩，风格各异。

可容纳一万人的大礼堂是大会堂的主体建筑，宽 76 米，深 60 米。礼堂平面呈扇面形。一层为代表席，每个座位均设有十二种语言的译意风及电子表决器，代表们可即席发言或表决。二、三层的每个座位中则装有小喇叭，可清晰听到主席台的声音。礼堂顶棚微微隆起，其与墙面呈圆弧形，形成"水天一色，浑然一体"之势。顶部中央饰有巨型红色五星灯，周围点缀有鎏金的七十道光芒线和四十个葵花瓣，三环水波式暗灯槽，一环大于一环，象征中国革命从胜利走向更大的胜利。整个顶棚纵横密布有五百个满天星灯，灯火齐明，宛如"众星捧月"，绚丽壮观。

宴会大厅位于二楼的北端，是党和国家领导人举行盛大国宴和招待会的地方。面积巨大的宴会厅顶棚呈平面型，且无立柱支撑，这一精巧的科学建筑杰作，无不令中外人士叫绝。顶棚中心饰有绚丽的水晶玻璃灯及玻璃钢压花图案与彩色藻井，民族风格浓郁。宴会厅四周共有 28 根直径为 1 米的沥粉贴金廊柱，墙面为浅黄色。整个宴会厅气魄宏大、宽广明快、富丽堂皇。

人民大会堂内分为三部分，分别是万人大会堂、宴会厅和办公楼。

整座大厦屋檐均用黄绿色琉璃制品镶嵌，尽显庄严宏伟、朴素典雅的民族风格和现代化建筑的非凡气派。

重庆市人民大礼堂

重庆市人民大礼堂位于人民路学田湾，建筑仿照北京天坛模式，有祷祝"国泰民安"之意，是一幢精美的东方式仿古民族建筑群。

人民大礼堂于 1954 年建成，整座建筑由大礼堂和东、南、北楼四大部分组成，总占地面积为 6.6 万平方米，其中礼堂占地 1.85 万平方米，礼堂建筑高 65 米，大厅净空高 55 米，内径 46.33 米，圆形大厅四周环绕五层挑楼，可容纳 4200 余人。

人民大礼堂采用中轴线对称的传统建筑形式，以柱廊和双翼相配，塔楼收尾，立面比例匀称。碧绿的琉璃瓦大屋顶，大红廊柱，白色栏杆，重檐斗拱，雕梁画栋，金碧

图为重庆人民大礼堂。

辉煌，宏伟壮观，是重庆独具特色的标志建筑物之一。

沙逊大厦

沙逊大厦，旧名华懋饭店，多少年以来，一直是上海外滩的主要标志性建筑之一。

沙逊大厦属芝加哥学派哥特式建筑，钢筋混凝土框架结构，高 13 层，占地面积 4617 平方米。1926 年开工，

1929年竣工。大厦雄伟壮丽，外观以垂直线条处理，简洁明朗。外墙均以花岗石贴面，第九层和顶部砌以泰山面砖，东立面屋顶为四方金字塔形，用紫铜皮饰面，高约10米。内装饰精致豪华，五至七层为华懋饭店。五层的客房以德国、印度、西班牙和日本式风格布置，六层为法、意、美式，七层为中、英式。整个建筑物华丽而古朴，享有"远东第一楼"的美誉。

中华人民共和国成立前，华懋饭店是上海滩最豪华的旅店。中华人民共和国成立后，沙逊大厦由政府赎买，并改作和平饭店北楼。

沙逊大厦总高77米，是上海外滩最高的建筑物。大楼的建筑风格属于艺术装饰主义(Art Deco)，它的19米高的墨绿色金字塔形铜顶是上海外滩一个显著的标志。

汇丰大楼

该楼原是英商汇丰银行的办公楼，曾被当时的英国人称之为"从苏伊士运河到远东白令海峡间最华贵的建筑"，也是上海外滩西洋建筑群中较为突出的作品。

汇丰银行是英国在华最大的金融机构，1864年创办于香港。1865年，汇丰银行在上海设分行。1874年建造了一幢三层楼的英国式建筑作为行址。1921年，汇丰银行重建，占地面积大大增加。为求吉利，奠基时传说请风水先生择日，

并埋下了大量的各国金币。抗日战争后，该楼被日本横滨正金银行占用。现大楼为上海浦东发展银行。

整幢大楼古朴、典雅，平面呈方形，楼高五层，二至四层有六根罗马科林斯式立柱，五楼中间有半圆形希腊式穹顶，高二层。

汇丰银行大楼建筑面积23415平方米，是远东最大的银行建筑，也是世界上第二大银行建筑，仅次于英国的苏格兰银行大楼。至今依然被公认为是外滩建筑群中极为漂亮的建筑之一。

大楼最有特色的是高近20米的穹顶大厅，上层四周呈八角形，每个方向及穹顶均有彩色马赛克镶嵌组成的大型壁画，内容分别是汇丰银行设在上海、香港、伦敦、巴黎、纽约、东京、曼谷、加尔各答八个城市分行的建筑。穹顶壁画的内容是希腊神话中巨大的太阳和月亮，并有太阳神、谷物神、月神相伴左右。外圈的十二个星座分别对准穹顶下的八幅壁画。壁画五彩缤纷，雄伟亮丽，令人叹为观止。

海关大楼

上海海关大楼自建成以来，一直是代表上海的标志性建筑之一。

早期的外滩海关大楼是一座典型的中国传统官衙式建筑，建于1857年，三进楼房，中间有天井厅堂，两边是厢房，牌楼式的大门。1891年，上海道台对旧海关建筑进行重建，1893年底，一幢中间五层高的哥特式方形钟楼，两边为对称的三层尖顶副楼的江海北关建筑落成。1927年，重建新楼建成。大楼的主建筑面对黄浦江，高八层，上面还有三层楼高的钟楼，共十一层。外观设计采用希腊新古典风格，框架式钢筋结构，东面底部二层基座使用大量花岗石砌成。正门入口有四根希腊多立克式立柱，形成门廊，进入大门是海关大厅，巨大的天然大理石柱上布有贴金花纹，大门中央有一个正八角形穹顶，顶部八个侧面各有一幅不同的帆影海事彩图，精美无比。

海关大楼最著名的是那四方形的钟楼，大钟有四个钟面，直径各为 5.3 米，当时为亚太地区之冠。紫铜的时针长 2.5 米，重 36 公斤，分针长 3.16 米，重 60 公斤。钟楼内有三个钟锤，最大的重二吨，另两个各重一吨。钟发条用 0.01 米粗的钢丝组绞，长达 156 米。每次上发条需要四人操作，一小时才能完成。大钟用两种钟声报时，每十五分钟由四口小钟敲出有节奏的音乐声，每逢准点，十几吨的大钟被准时敲响，声音浑厚雄壮，回音可达十秒以上。

香山饭店

位于北京西郊香山公园内的香山饭店，建于 1982 年，由美国著名的贝聿铭建筑师事务所设计。

整座建筑凭借山势，高低错落，蜿蜒曲折，院落相见，建筑物本身大面积采用白色粉刷，特征极为鲜明，建筑的立面是城堡式的，窗洞皆很有规律。香山饭店吸收了中国园林建筑特点，对轴线、空间序列及庭园的处理规整中略带轻巧，院落式的建筑布局既有江南园林精巧的特点，又有北方园林开阔的空间，其中山石、湖水、花草、树木与白墙灰瓦式的主体建筑相映成趣。香山饭店于 1984 年获美国建筑学会荣誉奖。

图中便是坐落于北京西山风景区的香山公园内的香山饭店。

上海金茂大厦

在上海浦东黄浦江畔、曾经的"中华第一高楼"的金茂大厦，于1999年8月全面建成。

金茂大厦高420多米，主体建筑88层，曾经是中国最高的大厦。金茂大厦总建筑面积29万平方米，是融旅游观光、商务酒店、写字楼、会议展览及娱乐、餐饮购物于一体的综合性多功能大厦。

金茂大厦的设计和建设，体现了中国建筑风格和现代科学技术的完美结合，开辟了中国建筑史上数十个世界之最和中国之最，是现代建筑艺术的经典之作。

金茂大厦的设计师是美国芝加哥著名的SOM设计事务所。设计师以创新的设计思想，巧妙地将世界最新建筑潮流与中国传统建筑风格结合起来，成功设计出世界级的、跨世纪的经典之作，成为海派建筑的里程碑，并已成为上海著名的标志性建筑物。